環境新聞ブックレット

シリーズ15 Series 15

脱炭素社会のためのQ&A

——気候変動を乗り越えて

NPO法人環境文明21◎編著

代表理事 藤村コノヱ

顧問 加藤 三郎

科学・環境ジャーナリスト 横山 裕道

はじめに

２０１８年の夏は国内外で数多くの異常気象が発生し、地球温暖化の影響がいよいよ本格化した夏として記憶されるだろう。７月初めの西日本豪雨では、広範囲にわたって洪水・浸水や土砂崩れなどが発生し、２３０人を超す死者・行方不明者を出すなど多くの人々が生命・財産、そして日々の平穏な暮らしを失った。その記憶も冷めやらぬ７月中旬には猛暑が日本各地を襲い、埼玉県熊谷市では41・1℃、東京都青梅市では40・８℃を記録するなど、これまで経験したことのない熱波に、各地で熱中症や農作物の甚大な被害が発生し、人々を驚かせた。そのような傾向は8月以降も繰り返され、多くの人々に、かねてから専門家が警告していた地球温暖化の脅威とはかくなるものかと実感させることとなった。

この夏の気候変動のすさまじい影響は、日本だけでなく、世界の各地でも観測されている。例えば、ロサンゼルス郊外では最高気温が42・８℃に達し、カリフォルニアではこれまでで最悪の山火事が猛威を振い、甚大な被害が発生した。また、フィンランドやノルウェーの北極圏でも33・４℃という、考えられない程の高温を記録した。

そうした中、アメリカのトランプ大統領は気候変動の恐るべき脅威に立ち向かう最後の命綱とも言うべき「パリ協定」からの離脱を表明し、その影響が一部では心配されている。しかし、良識あるアメリカの自治体・企業・科学者・市民団体は強くこれに反対し、「私たちはパリ協定にとどまっている(We Are Still In)運動」を活発に展開するなど、世界は気候変動の脅威に立ち向かおうとしている。

思い起こせば、今から3年ほど前の２０１５年12月のパリ。気候変動対策を話し合う国連会議（C

OP21）には、専門家や190カ国を超す政府代表団の官僚や政治家だけでなく、この場での決定が期待されていた「パリ協定」の内容に関心を寄せる、多くの自治体の首長や大企業のCEO、そして気候変動問題に長いこと携わってきたNGOなど非政府機関の面々が参加していた。というのも、国連が気候変動問題（地球温暖化問題）に正式な取り組みを開始して27年、パリ協定の元になる「国連気候変動枠組み条約」が成立してから23年、さらにその条約のもとで初めて具体的なアクションをとることとなった「京都議定書」の締結から18年の時間が経過しており、先進国対途上国の利害衝突だけでなく、企業にとっても気候変動対策をどう組み立てていくかが重大関心事になっていたからである。こうした長年の紆余曲折を経た交渉の結果、協定文がついに採択されようとする会場は、文字通り世界史の転換点になると多くの人が期待を寄せ、熱気に包まれていた。

会期最終日の12月12日、パリ協定（Paris Agreement）は採択されたが、その中身は多くの環境NGOの期待を上回る画期的な中身となっていた。それは、既に気候変動が地球上の全ての地域に影響を与え始め、強力な台風、豪雨、干ばつ、山火事などの気候変動に関連する諸事象が発現する中で、多くの人々が危機感を持ち、なんとしても世界が一丸となって対応できる法的基盤が必要だと強く主張したことによる。

合意された内容は多岐にわたるが、ポイントだけ紹介すると、①世界共通の長期目標として、産業革命以前の地球の平均気温からの温度上昇を2℃より十分下回るように抑え、1・5℃にとどめるよう努力をする、②この目標を達成するために早期に世界の温室効果ガスの排出量を頭打ちにし、今世紀後半に実質的にゼロ（排出量と吸収量の均衡）にする、と書き込まれたことである。

2050年以降の今世紀後半まで、残る時間は30年程しかない。そうした短期間で排出量と吸収量を均衡させると言うのは極めて厳しい目標であることは、この協定交渉参加者の誰もが認識していた。しかし、気候の異変そのものの規模、スピードの大きさを考えるとどうしてもこのような目標を掲げ、実現しなければならないという強い決意が参加者にはあった。

この協定が全会一致で採択されたことにより、これまで京都議定書採択以来、言われ続けていた「低」炭素化では不十分であり、「脱」炭素化に向かうしかないとの方向性が明確に固まった。日本はもとより世界の多くの国は、過去1世紀以上にわたり化石燃料を大量に使用し、得られる膨大なエネルギーを駆使して現在の豊かで快適な世界を作ってきた。世界の多くの国でもエネルギーのほぼ9割は化石燃料に依存している。それを30年前後で排出実質ゼロに向けて動き出すというのは簡単ではない。単に、電力を作るのを太陽光や風力などの再生可能エネルギー源にすればよいという訳にはいかない。現在、自動車も飛行機も、多くの工場や事業所も、そのエネルギー源の多くを化石燃料に依存しており、それを大幅に削減し、温室効果ガスを出さないエネルギー源に転換していくのは困難である。しかし、ますます深刻化する気候異変を前に、パリ協定に盛り込まれた目標を達成する以外に我々の社会は安全に持続的に継続していくことはできない。

そこでこれまで、気候変動問題に立ち向かってきた人々は、「低炭素」というよりはむしろ「脱炭素」を一斉に求め始めた。

しかし脱炭素は可能なのか、その道筋はまだ明瞭ではない。

私たち環境文明21では、会員有志からなる脱炭素部会を設置し、2カ月に1度のペースで検討と議論を重ねた。そして、多くの人が抱く脱炭素社会に関する様々な疑問に答えるための冊子の発行を決め、そのことを通じて、日本における脱炭素社会の推進に貢献することとしたい。なお、本書の執筆及び編集に関わったメンバーの氏名等は巻末に記す。

※文中のドルや元に関しては２０１８年12月20日の為替レートで円に換算した。

【2016年11月4日に発効したパリ協定（Paris Agreement）と関連合意文書の骨子】

① 世界共通の「長期目標」としては、工業化以前の地球の平均気温からの昇温を2℃よりも十分下回るよう抑え、そして1・5℃にとどめるよう努力する。

② 早期に世界の温室効果ガスの排出量を頭打ちにし、今世紀後半に実質的にゼロ（排出量と吸収量の均衡）にする。

③ 2023年より、すべての国が排出削減目標を5年ごとに提出・更新（更新ごとに前のものよりも進化）。共通かつ柔軟な方法で実施状況を報告し、レビューを受ける。

④ 先進国は引き続き資金（少なくとも1000億ドル）を提供する。新興国を含む途上国も自主的に資金を供与する。

⑤ IPCCは「1・5℃上昇」の影響とそれに関連する温室効果ガス排出の経路についての特別報告書を2018年に提出する。

【経緯】

パリ協定への道のり	
19世紀末	欧州の科学者（フーリエ、チンダル、アレニウスら）の温室効果ガス発見と気温上昇予測。
1958年	キーリング博士らハワイでCO_2濃度の本格的観測開始
1987年	気候学者らが、欧州の小都市で気候変動対策のワークショップ開催
1988年	国連（WMOとUNEP）がIPCCを組織
1990年	IPCCの知見公表（第1回）
1992年	「地球サミット」において、気候変動枠組み条約採択（主要国はすべて参加）
1994年	同条約発効
1995年	COP1開催
1997年	京都でCOP3開催。京都議定書採択
2001年	米ブッシュ政権、同議定書を拒否
2005年	同議定書発効
2008年 ～2012年	同議定書の第一約束期間
2013年 ～2014年	IPCC第5次レポート公表（地球温暖化が人間活動に起因することが確実に。）
2014年	COP20（リマ会議）
2015年	COP21（パリ会議）、パリ協定採択
2016年	11月4日パリ協定発効、11月8日日本が批准

ＣＯＰ21でのパリ協定採択の瞬間（気候変動枠組み条約事務局提供）

目次

CONTENTS

Q1 世界が急に「脱炭素（脱化石燃料）」社会を目指して動き出したのはなぜですか？

A

2015年12月、世界的に益々深刻化する気候変動に対処するための「パリ協定」が、科学者、政治、産業、行政、市民の熱意もあり、196カ国・地域の合意のもとに、採択されました。その「パリ協定」を実現するには、どうしても「脱炭素＝脱化石燃料」を目指して、早急に取り組まなければならなくなったからです。

パリ協定に先立って、国際社会が合意した京都議定書（1997年採択、2005年発効）では、まず先進工業国のみに温室効果ガスの削減義務を課し、低炭素社会を目指すとしました。しかし、パリ協定では、①地球の平均気温上昇を産業革命前から2℃より十分低く保ち、加えて、1・5℃以下に抑える努力を追求すること、②そのためには、世界の排出量のピークアウトを早期に実現し、今世紀後半に温室効果ガスの排出量と吸収量の均衡を達成し、実質ゼロにすることを定めています。

このような厳しい目標が合意された背景には、1988年以降、営々と積み重ねられてきたIPCC（気候変動に関する政府間パネル）による科学的知見と検証、さらに現実に異常気象等の気候変動の脅威が世界中で観測され、先進国、途上国を問わずすべての国で危機感が広く共有されたことなどがあります。特に2018年の夏には、日本では広範囲にわたる豪雨、そして40℃を超える猛暑が続き、ようやく人々の危機感は深まったように思われます。

パリ協定に盛られた内容は、多くのＮＰＯ／ＮＧＯの期待をも超える厳しさを持ち、この協定が実施された場合の社会経済に与えるインパクトを考えると、従来の「低炭素」社会では不十分であり、「脱炭素」、すなわち脱化石燃料を目指すしかないとの認識が世界で一気に広がりました。特にこの問題を扱っていたＮＰＯ／ＮＧＯは、パリ協定採択の直後から、様々な声明を発していますが、代表的な例として、２０１５年12月18日に日本の環境ＮＰＯの連合体である「グリーン連合」が発した声明（抜粋）にも、次のように明瞭に述べられています。

「今回のパリ協定に示されたメッセージは、産業革命以降、エネルギー源として化石燃料を大量に消費し物質的に豊かで便利な経済社会を築いてきた過去2世紀余に及ぶ都市・工業文明を大転換し、低エネルギー消費社会の実現を一層推進するとともに、温室効果ガスを排出しない再生可能エネルギーへとエネルギー源をシフトすること、すなわち、「脱炭素」社会の実現に社会が大きく舵を切ることを意味する。」

このパリ協定の発効によって世の中がどう変わろうとしているのでしょうか。一口で言えば、脱化石燃料、脱炭素化に向けて大きく動き出したと言えます。

パリ協定のメッセージは、産業革命以降、エネルギー源として化石燃料を大量に消費し、物質的に豊かで便利な経済社会を築いてきた、過去2世紀余に及ぶ都市・工業文明を大転換し、低エネルギー消費社会の実現を目指すというものです。このために、省エネの徹底とともに、温室効果ガスを排出しない再生可能エネルギーへとエネルギー源をシフトし、脱炭素社会の実現に向けて、社会が大きく舵を切り始めたと言えます。

典型的な例をいくつか挙げれば、金融機関はグリーンボンドといわれるような環境配慮型の投融資を精力的に進める一方、化石燃料の採掘や石炭火力発電所の建設などに対する投資の停止、ないしは資金の引き上げに手を付け始めています。

また2017年の夏、仏・英両政府は、相次いでガソリン・ディーゼル自動車の販売を2040年までに禁止する旨を表明しました。これにより、世界の主要な自動車メーカーは、電気自動車（EV）化に雪崩を打って進み出しました。同様の動きは中国やインドでも顕著になってきています。中国政府は2019年から国内のメーカーや輸入業者に対し、国内での生産・販売の10％を新エネルギー車〔電気自動車（EV）、プラグインハイブリット車（PHV）、燃料電池車（FCV）〕にすることを義務付け、2025年にはこれを20％に引き上げる方針を既に発表しています。インド政府は、2030年までに自動車の国内販売はEVのみにする旨、表明しています。また船舶や航空機業界でも、燃料にバイオ燃料を利用するなど、脱化石の動きが活発になってきています。このような動きを誘発したのは、間違いなくパリ協定だと言えます。

【言葉の説明：IPCC（Intergovernmental Panel on Climate Change、気候変動に関する政府間パネル）】

IPCCは、気候変動に関する最新の科学的知見の評価（科学的アセスメント）を行うことを目的として、世界気象機関（WMO）と国連環境計画（UNEP）の協力の下に、1988年に組織された政府機関のパネルで、科学者・専門家が参加しており、３つの作業部会と温室効果ガス・インベントリ・タスクフォースから構成されている。気候変動の科学的メカニズムの解明や将来の気候変動に関するとりまとめは第1作業部会が担っており、第2作業部会は気候変動によって生じる影響や適応策を、第3作業部会は気候変動緩和策を、それぞれ対象として研究成果を取りまとめている。これまで5回、全体の評価報告書を公表している。これらの功績により、２００７年にはノーベル平和賞を受賞している。なお「パリ協定」採択により1・5℃上昇による影響と排出経路等に関する特別報告書を２０１８年10月に発表している。

Q2 これまでは低炭素と言われてきましたが、脱炭素社会と低炭素社会はどう違うのですか？

A 京都議定書とパリ協定での取り組みの程度の差を反映したものです。

1997年に京都において採択され、2005年に発効した京都議定書では、気候変動対策のための具体的措置を盛り込んだ最初の国際的な合意だったこともあり、CO_2などの温室効果ガスの削減義務を課すのは、当時、温室効果ガスの累積排出量では約8割を占めていた先進国のみにとどめました。しかも削減割合も1990年比で、EU加盟国（当時は15カ国）は2008年から2012年の5年間で8%、米国7%、日本6%、ロシア0%などと法的な削減義務量ながら今から考えるとかなり緩い制限でした。また、京都議定書ではこの義務の達成を容易にするために、「京都メカニズム」と呼ばれた緩和措置（途上国を含む他国との削減量の取引など）も盛り込まれていました。

そのため、京都議定書の枠組みでは、脱炭素まで踏み込むことなく、従前と比べて炭素の排出を低減させれば一応足りる（それでも簡単ではありませんが）との認識のもとで、「低炭素（low carbon）」の社会を目指すことが、特に削減義務を負った先進国の政策目的でした。

これに対しパリ協定では、今世紀後半（2050年以降）には温室効果ガスの排出量と吸収量を均衡させ、実質排出をゼロとし、これを先進国、途上国を問わず一致して実現するよう取り組むことにしています。しかし、吸収源となる森林（樹木）、海洋、土壌などの吸収能力を考えると、現状でも限界に近いと見積もられていることから、吸収源を大幅に拡大しても実質ゼロを確保するのは困難と思われます。そのような状況を考慮すると、「低炭素」では不十分であり、「脱炭素＝脱化石燃料」をこれから数十年かけて実現することを国際社会が一致して目指すこととなったのです。

京都議定書を採択したＣＯＰ３
（環境省ウェブサイトより）

なお、「低炭素化」については、１９９７年に採択された京都議定書では、途上国での排出削減を資金面・技術面で支援したり、排出枠に余裕のある先進国などの海外から調達したCO_2クレジットを償却して削減目標に加えることが認められ、日本もこれを活用して２００８～12年の削減目標（基準１９９０年比マイナス６％）を達成しました。

しかし、「低炭素化」が「脱炭素化」に進んできた現在、このような補完的手段に頼ることなく、日本の国内目標は、まず自国内の努力で達成することを本来の手段とすることが大切です。

Q3 化石燃料に頼り切っている今日の経済・社会の実情からみて、「脱炭素」など夢ではないですか？

A 困難ですが、気候変動により引き起こされる甚大な被害のことを考えると、やらざるを得ません。

確かに、生活や産業の隅々まで浸透している化石燃料起源のエネルギーを、太陽光や風力などの非化石燃料に転換するためには、まずその必要性を多くの人が理解することが不可欠です。そのためには、気候変動の実態や脅威についての理解を深め、パリ協定に至った経緯やその内容を理解せずには脱炭素化政策をスムーズに実施することは困難です。残念ながら、日本の現状では省エネの推進と発電における再生可能エネルギーへのシフト、さらに自動車の電動化が目立つ程度です。

膨大な数の自動車の動力源を非化石燃料に置き換えるだけでなく、航空機、鉄道、船舶などを含む交通機関の非化石化（脱炭素化）、工場や事業所など生産プロセスの非化石化は、実験レベルの試みが散発的にありますが、これらを含め今後30～40年の間で脱炭素社会を実現するのは確かに困難と思われます。

しかし、多くの科学者が予測するように、気候変動の影響が今後急速に拡大し、より多くの人々の生命や財産、平穏な暮らしが広範かつ頻繁に危機にさらされるようになれば、危機感も広がるはずです。現に２０１８年7月にわが国を襲った西日本豪雨とその後の猛暑の発生は、多くの人に地球温暖化の脅威を実感させたと思われます。

人類社会の生き残りのためには、現在は不可能と思われる施策も取らざるを得なくなります。その頃には国民の理解も支持も得られるようになっていると考えられます。

このことをもう少し具体的に説明します。

(1) エネルギーにおける電力の位置づけ

エネルギーに占める電力の位置づけは、国によって変わりますが、先進国ではその割合が高く、途上国では低いのが一般的です。地球規模では、エネルギーの50％以上は電力以外の形で使用されていますから、地球規模で「脱炭素化」を進めるためには、電力以外のエネルギーの「脱炭素化」を進める必要があります。

日本では、１９３０年代中期まで、電源の約80％が水力でした。その後、急速な経済成長、都市化の進展、人口増加に伴うエネルギー需要の急増と、世界的に低廉な価格で豊富な石油の供給が可能となったことから、電力生産の主体が、輸入石油、ガスなどの化石燃料に転換した経緯があります。

１９５０年代になると、資源輸入量削減等のため、電源の一つとして原子力エネルギー利用が始まりました。しかし、２０１１年3月11日の東日本大震災と東京電力福島第一原発事故以降、「日本は地震国」という事実を痛切に意識せざるを得なくなり、大きな反省のもとに「脱原子力」に舵を切り替えることへの認識が高まり、今や国民の多数が受け入れる考え方となっています。

現在世界は、電力生産を、水力、太陽光、風力等の再生可能エネルギーに転換する方向で進んでいます。現時点では日本は他の先進国に後れをとっていますが、あらゆる政策・技術・経済的手段を使い再生可能エネルギー活用を進めなければなりません。

（2）エネルギー源を化石燃料と原子力から、再生可能エネルギーに転換する

再生可能エネルギーは、必要なエネルギー充足のための一つの「手段」ですが、この「手段」達成にはいくつかの方策があります。

一つは、蓄電池の活用です。再生可能エネルギーの多くは、自然条件や時間などによって供給が不安定です。そこで、蓄電池に充電し、これをエネルギー源として利用する方法が開発され、すでに実用化されています。また、ガソリン車から電気自動車への転換は、すでに現実のものとなっており、ＩＥＡ（国際エネルギー機関）は、２０５０年には自動車の60％がＥＶ、ＰＨＶになると予測しています。

漁船などの小型船舶でも、同様の「蓄電池システム」による船舶エンジンの技術開発が進められています。また、航空機については、シアトルのベンチャー企業、トプルー・エアーウエイズ社の小型ハイブリッド電気航空機の２０２２年投入、ボーイング社のハイブリッド電気航空機の独自開発計画、ウーバー・テクノロジー社、エアバス社の電池駆動の航空機開発などが報道されています。

（3）多様な再生可能エネルギーの利用

再生可能エネルギーには、水力、太陽光、風力、バイオマス、地熱等のほか、太陽熱、地中熱、海洋エネルギーの利用等があります。

かつて日本は水力王国でしたが、その後河川開発が進み、潜在水力エネルギー開発の余地はほとん

どないと言われます。しかし、砂防ダムや、農・工業・水道用水の水路に潜在する小水力エネルギーは、まだ活用の余地があり、観光地の照明、山間地の電気柵などに活用されている実例があります。

地熱は、温泉・観光資源などとの競合が課題としてあるものの、変動需要に適応して供給できるエネルギーで、多量の潜在資源があります。

バイオマスは、日本の各地で、小規模ですが林業の副産物の活用手段として進められており、森林資源に恵まれた日本では、期待できる再生可能エネルギー源です。藻の利用もバイオマスの一環として取り上げられます。ブラジルでは、サトウキビの搾りかすからエタノールを生産し、すでに軽飛行機での実験飛行に成功しています。自動車のガソリンに数パーセントのエタノールを混合使用して、CO_2削減を図っています。

太陽熱は、地球上で得られやすい地域と、多量に利用する地域が異なりますが、超電導送電技術の開発によって、効率的に利用を拡大することが期待できます。

Q4

そもそも日本ではパリ協定への取り組みも含め、地球温暖化政策・対策は世界から遅れていると言われますが、本当ですか。その理由は何ですか?

A

残念ながら、本当です。その大きな理由は、地球温暖化の脅威に正面から向き合わず、対策を取るのに必要な認識と覚悟を持たなかったこと、政治家も企業もそして多くの市民も、生命の基盤である環境よりも短期的な経済性を重視しがちだったからだと考えられます。

以前の日本は1988年のIPCCの設置に積極的に参加し(環境庁出身の橋本道夫氏が影響を検討する第2作業部会の副議長に就任)、1990年7月には、環境庁に地球環境部を新設するとともに、同年10月には地球温暖化防止行動計画を策定するなど、EU諸国とともに世界のリーダーの一翼を担い、1997年12月のCOP3では議長国として京都議定書の締結にこぎつけるのに貢献しました。

しかし2001年1月にアメリカにジョージ・ブッシュ政権が誕生し、その直後の3月にアメリカ経済への悪影響などを懸念して、京都議定書に参加しない旨を表明した後、日本の産業界や一部の学者や官僚などから京都議定書批判が表面化し始め、対策努力に遅れが出始めました。

そうした中、2007年、第1次安倍晋三内閣は「21世紀環境立国戦略」を閣議決定し、その中で「気候変動問題の克服に向けた国際的リーダーシップ」の確立を訴えました。しかし、第1次安倍内閣は1年で退陣したため、この戦略は実ることなく、事実上、立ち消えになってしまいました。

それ以降、日本ではほぼ1年毎に内閣が交替し、また２０１１年3月には東日本大震災と東京電力福島第一原発事故が発生したため、政権内のプライオリティが気候変動問題から、原発事故による放射能除染を含む震災復興など他の政策課題に一気に移ってしまいました。２０１２年12月には安倍晋三氏は再び首相の座に返り咲きましたが、この時は、アベノミクスという短期的経済性を重視した経済政策に焦点が移り、政権中枢からは気候変動対策を進めると、ＧＤＰが低下し、失業が増えるとの意見が強く表明されるようになりました。さらに原発再稼働を主眼にした原子力推進路線は継続され、実質的には気候変動対策には見るべきものがほとんどありません。

一方、当初から気候変動対策を先導してきたＥＵ諸国は高めの削減目標を掲げ、排出量取引制度や炭素税制の活用に努め、継続して取り組んできましたが、特に再生可能エネルギーの導入・普及に大きな成果を挙げています。しかもＥＵ内の多くの国は、雇用も確保し、経済も伸びているのが現実です。

Column
コラム

【世界から見た日本】

一国の対策を客観的に評価するのは簡単ではありません。ある側面だけを見れば、世界的に見て優れている点もあり、また他の側面を見ると他国に比べて劣っていることはよくあります。そのため、全体的・総合的に評価する必要がありますが、何が「全体的・総合的」なのかについても常に異論があります。

そうした中で、気候変動対策が人類社会の将来にとって切実な活動であるとの認識が深まり、それを専門としている大学・研究機関、NGOなどが国別のパフォーマンスの比較を独自の評価基準で分析した結果を公表しています。その中でも日本でなじみのあるものを二つ紹介します。

①日本のメディアでもよく紹介されるものに「化石賞」という不名誉な賞があります。これは世界各国の環境NGOでつくる「気候変動ネットワーク（CAN）」が国連の気候変動対策協議の場であるCOPが開催されるたびに、各国政府の気候変動対策への取り組み姿勢を評価し、特に後ろ向きと目される国に対し「化石賞」を与えることになっています。残念ながら日本はその常連です。2017年11月にボンで開催されたCOP23においては、会議の冒頭で、日本の石炭火力政策（国内で今後も多数の新設増設計画を有しているだけでなく、石炭火力技術をアジアやアフリカに展開する政策を推進していること）がパリ協定後の気候

変動対策としては極めて後ろ向きと評価され、「化石賞」に値するとされました。

②ジャーマンウォッチ（ドイツの環境NGO）が主体となって、各国の温暖化政策を比較し公表していますが、2019年版の政策パフォーマンス指標において、日本は57カ国・地域の中で46位と最下位グループです。評価は①温室効果ガス排出量、②再生可能エネルギーの導入、③エネルギー使用量、④政策、の4分野で細かく配点していますが、特にパリ協定実施に向けての取り組みを近年重視しています。

□全調査対象国57カ国・地域中の主な国の順位は次の通り。

1位	スウェーデン
5位	英国
8位	インド
9位	ノルウェー
12位	デンマーク
18位	フランス
20位	イタリア
24位	ドイツ
25位	オランダ
30位	中国
46位	日本
49位	ロシア
51位	カナダ
52位	オーストラリア
54位	韓国
56位	アメリカ

Q5 世界の温室効果ガス排出量のわずか3％程度の日本は、国内で削減するより、日本の優れた技術や製品で海外の削減事業に協力した方が、効果があるのではないですか？

A 「脱炭素社会」への要請は、パリ協定で示されたように、人類共通の課題です。世界中の人々が一致して温室効果ガスの削減に努力している現在、国際協力も必要ですが、まずは国内での「脱炭素化」「温室効果ガスの削減」を進めるべきです。

日本は、CO_2の排出量だけを見れば、世界の3・5％（2015年）で、中国、米国、ロシア、インドに次いで5位ですが、国民1人当たり排出量で9・0トン／人で、アフリカ諸国の人々の約10倍、世界百数十カ国の中でも5番目に排出量の多い国です。そのため、まずは国内の脱炭素化を進める必要があるというのが第1の理由です。

第2の理由は、かつては、日本の省エネ・脱炭素化対策は先進国の中でも進んでいましたが、現在は必ずしもそうとは言えず、近年では、日本の省エネ対策は世界に後れを取るようになっています。特に、福島第一原発事故が起きてからは、日本の産業界の一部には、CO_2排出量の多い石炭火力の新設を国内で計画したり、国外に無計画に技術を売り出そうとするなど、温室効果ガスを増やすような対策を採ろうとする例も見られ、国際的にも非難されています。

世界の温室効果ガス排出量を削減し脱炭素化するには、経済・技術先進国の一つであるにもかかわらず、気候変動対策で後れを取っている日本が、国内の脱炭素化を可能な限り率先して進めることが責任として求められており、国際的にも期待されています。また、日本は化石エネルギー資源の少ない国ですから、エネルギー安全保障の観点からも、国内資源である再生可能エネルギーをもっと活用すべきでしょう。

一方、アフリカ、中南米などは、埋蔵化石燃料資源が豊富で、これから経済が発展し、人口もエネルギー使用量も激増することが予想されます。そうした国や地域に対して、日本が持っているCO_2削減技術を提供し協力することは、国内対策と併せて大切なことです。

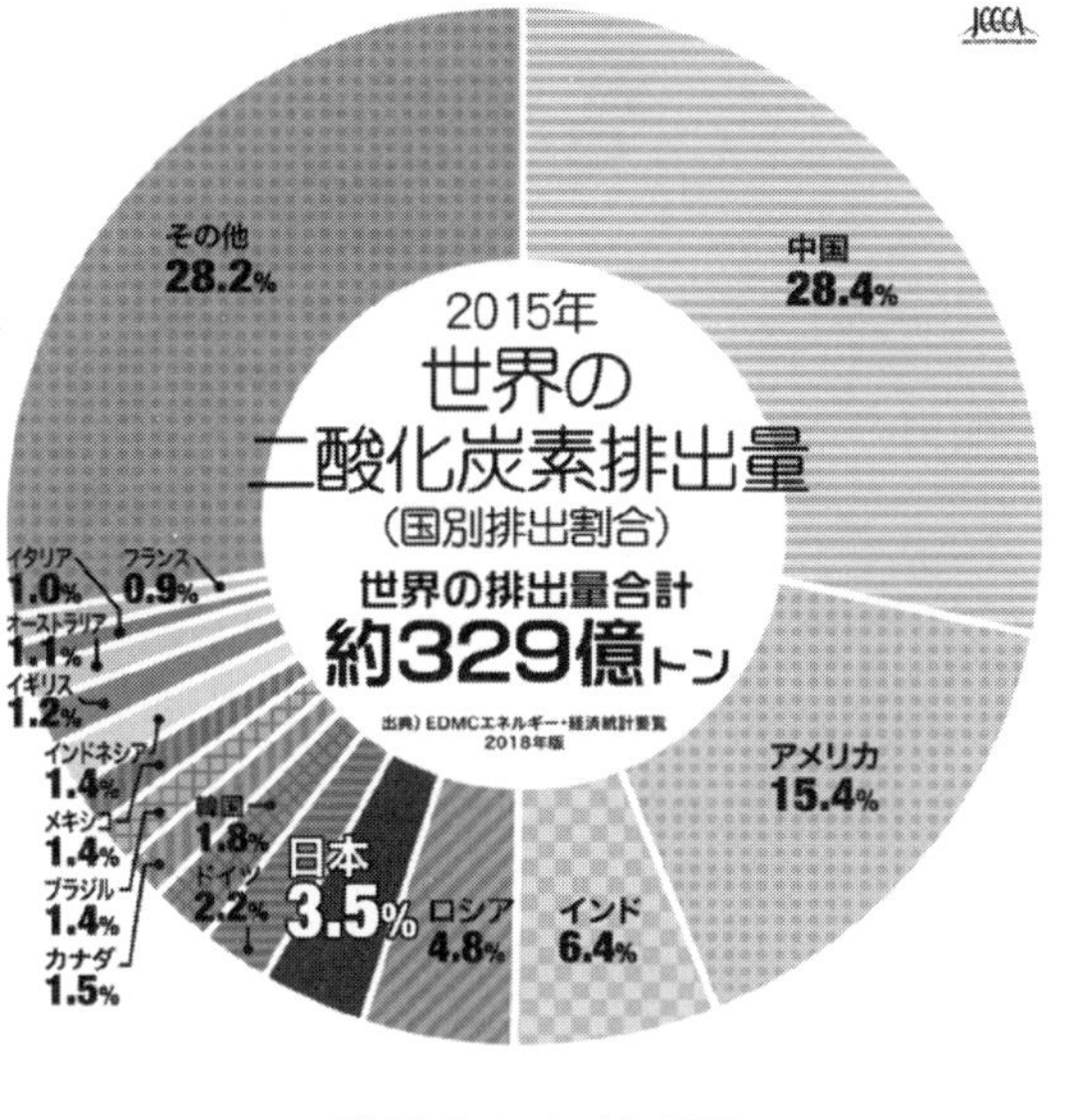

世界のCO_2排出量

すなわち、日本国内での脱炭素化を進めると同時に、このような地域で、先進国の一員として、再生可能エネルギー、省エネルギー技術などの脱炭素の技術を活用し、そのための人材・資金を提供するなど、効果的な対策を進めることは、経済性の効果・比較の観点を超えて必要なことであり、長期で広範囲な環境効率・経済効率性向上にも効果があると考えられます。

Q6

企業などは温暖化対策の自主的努力を行っていますが、それだけで日本の削減目標は達成され、脱炭素社会につながりますか？

A

企業の自主的な取り組みそのものは、温室効果ガス排出量の削減に向けてそれなりに有効な手法であると言えます。しかし、現状の取り組みでは様々な限界があり、脱炭素社会の実現にはさらなる取り組みが必要です。

産業界は、１９９７年に「経団連環境自主行動計画」を発表し、各業界団体が自主的に温室効果ガスの削減目標を設定するとともに、その目標達成に向けた取り組みを評価してきました。産業界による自主的な取り組みですが、現在では「低炭素社会実行計画」として、毎年度、政府の審議会を通じて、対策の取り組みや排出削減目標について、評価、検証等のフォローアップが行われています。

１９９７年度に関しては、自主行動計画に参加している業種は41、フォローアップを受けた業種は産業部門およびエネルギー転換部門に属する28でしたが、２０１６年度の取り組みに対するフォローアップについては、61業種が受けるようになりました。また、現在では、産業構造審議会産業技術環境分科会地球環境小委員会と、中央環境審議会地球環境部会の合同会合がフォローアップを行っています。これまでの企業の取り組みの経緯やフォローアップの結果については、日本経済団体連合会のホームページ（http://www.keidanren.or.jp/policy/vape.html）をご覧下さい。

経団連は、低炭素社会実行計画について実効性、自主性、継続性という観点からパリ協定時代にふさわしい対策としています。しかしながら、各業界が定める目標は、温室効果ガス排出量もあれば、CO_2原単位やエネルギー総量、エネルギー原単位もあり、パリ協定が定める世界の平均気温上昇を産業革命以前に比べて2℃より十分低く保つという目標や、日本の２０５０年の排出削減目標（現状の排出量から80％削減する）からは程遠いという課題があります。これは、将来の目標から現在の取り組みを考えるというバックキャストに基づいた目標設定や取り組みではなく、実行できる取り組みを主とするフォアキャストに基づいた目標設定となっているためです。また、経団連の低炭素社会実行計画は、経団連に参加している企業や業種のみを対象としているため、産業部門やエネルギー転換部門、業務部門等のすべてをカバーしているわけではありません。

パリ協定においても、グローバルストックテイクとよばれる長期目標達成に関する進捗状況の確認や、各国の約束を見直すことが定められています。国内においても、脱炭素社会の実現という目標に対して、どれだけの温室効果ガス排出量の削減が必要となるか、それに向けて技術のイノベーションを含めてどのような取り組みが必要となるかといった議論やその実現に向けた行動が必要なのは言うまでもありません。こうした点から、利用可能な最善の技術（ＢＡＴ：Best Available Technologies）を中心とした現状の自主的な取り組みだけでは不十分といえます。

Q7 脱炭素社会に向けて市民ができることがありますか？

A

まずは私たち一人ひとりが、地球という一つの有限な惑星に住んでいるという自覚を持ち、地球温暖化や脱炭素社会についての関心と正しい知識を持つことが大切です。そして、日常生活の中では、省エネを心掛けエネルギー使用量そのものを減らすとともに、太陽光や太陽熱利用の設備を設置したり、再生可能エネルギーを利用している電力会社に変えることもできます。また地域や社会全体にも目を向け、再生可能エネルギーを増やしていくNPOの活動に参加したり、そうした活動が進むよう行政や政党・政治家に働きかけることも大切です。

脱炭素に向け技術開発は必要ですが、技術開発ばかりに任せておけば良いとは言えません。一人で、家族で、あるいは地域やグループで、地球温暖化についての正しい理解と認識を持ち、できることを率先して実践していくことが大切です。

また、脱炭素社会に変えていくには、社会全体の取り組みも不可欠です。例えば、エネルギー多消費型の産業から省エネ型の産業への転換、経済そのものを環境配慮型のグリーン経済に変えていくといった経済システムの見直し、脱原発を実現しエネルギー源を化石燃料から再生可能エネルギーに変えていく取り組みなど、社会全体の仕組みを変えていくことも重要です。電源がすべて再生可能エネルギーに転換されれば、電力使用によるCO_2発生そのものは心配しなくて済むからです。さらに、厳しい時代を乗り越え、希望ある持続可能な人類社会を築いていく上で何が最も重要かといった価値観の転換やそれを促す環境・持続性教育を、学校教育や社会教育の中で浸透させることも大切なことです。そしてこれらを進めるために、市民は、政治や行政に積極的に働きかけたり、NPOなど市民組織として積極的に働きかけることも有効です。

【具体的な省エネの工夫】

○スイッチ付コンセントの導入で、待機電力をカットする。
　待機電力量は家庭の電気消費量の9%を占めています。
○エアコン、冷蔵庫、照明、テレビを買い替えるときは、省エネタイプのものにする。
○家の断熱は窓に注目、開口部を密閉させ、冬は暖気を逃がさないようにする。
○夏場のクール対策として、「よしず張り」やつる植物（ゴーヤ、キュウリ等）の「緑のカーテン」でエアコンの運転を少なくする。
○買い物時には、運搬に係るエネルギー消費を抑えるため、できるだけ地産地消のものを買う。
○ゴミは出来るだけ出さない（Reduce）。それでも出るゴミは分別し、再利用（Reuse）出来るものはそのまま使い、再生可能（Recycle）なものはリサイクルして活用する。

地球という惑星に住んでいる人間は、他の生物と共生して暮らしていかなければ、最後は絶滅してしまう恐れがあります。その一方、人間は他の生物とは違い、考える力を備えており、欲望をコントロールできるはずです。温暖化の主な原因が人間活動にあることを自覚し、私たち人間も含め全ての生き物の生命基盤である環境を守るために、人間の英知を結集し、少しでも健全な環境を次世代に残すようにしましょう。

屋根と太陽光パネルが一体化した民家
（福島県楢葉町で）

Q8 脱炭素社会の実現に向けてカーボンプライシングはとても効果があると言われますが、本当ですか？

A

カーボンプライシングとは、炭素（温室効果ガス）の排出に対して価格付けをすることで、経済的な手法と呼ばれています。カーボンプライシングの導入によって、初期費用が高くても温室効果ガス排出量の大幅削減に貢献する技術やシステムが経済的に有利となり、脱炭素社会の実現に向けて欠かすことのできない政策と言えます。

炭素税や排出量取引に代表されるカーボンプライシングは、これまでタダで排出されていたCO_2をはじめとする温室効果ガスに対して価格付けをすることで、これらのガスの排出量の少ない技術への転換を促す政策です。現在でも既に多くの国で炭素税が導入されており、わが国でも２０１２年10月から「地球温暖化対策のための税」が導入されました。税率は段階的に引き上げられ、現在では２８９円／トンCO_2の税率となっています。また、東京都や埼玉県では、それぞれ２０１０年、２０１１年から排出量取引制度も実施されています。世界では、ＥＵで排出量取引制度が２００５年から導入されているほか、欧州を中心に多くの国で炭素税が導入されています。また、韓国や中国でも排出量取引制度が導入されており、世界の15％の排出量は、カーボンプライシングを導入した地域からのものとなっています。

ちなみに、２０１７年７月の環境省発表資料では、世界で導入済みの国は45カ国にのぼり、その中の先進的な8カ国の２０１６年炭素税単純平均では１トンのＣＯ$_2$は約５０００円となっています。

こうしたカーボンプライシングの効果はいくつかあります。

１つ目は、炭素含有量に比例して税額が大きくなり、石炭などＣＯ$_2$を多く排出するエネルギーの価格が上昇します。その結果、こうしたエネルギーを削減しようとするインセンティブが強くなります。一般に、省エネ型の技術は従来型の技術と比較すると初期費用が高いと言われますが、カーボンプライシングの導入によって、従来型の技術では運転費用が高くなり、省エネ型技術が費用の面からも選択されることになります。ただし、こうした効果を期待するには、現状の日本での税率は不十分ですが、一方で、税率を上げることによる経済活動への影響や低所得者層への影響が指摘されています。

２つ目の効果は、炭素税の場合、政府は税収が得られることです。排出量取引制度においてもオークション型の制度を導入すると、税と同様に公的機関は収入が得られます。こうした収入を温暖化対策の技術開発に活用したり、低所得者層への補助に使うことが可能です。特に、税収を省エネ技術の導入に対する補助金として活用することで、大幅な排出削減に必要な税率を下げることができます。

３つ目の効果は、「炭素の見える化」です。一般に温室効果ガス排出量を実際に見ることはできませんが、価格付けをすることで、温室効果ガスの排出を認識することが可能となります。こうした結果、温室効果ガスの排出についての関心が高まり、脱炭素社会の実現に向けた取り組みが容易になったり、更なるイノベーションを生み出すきっかけにもつながります。

なお、エネルギー需要については、価格弾力性は小さい（エネルギー価格が上昇しても必需品なの

国内外における主なカーボンプライシング制度導入の時期

年	国・地域	内容
1990年	フィンランド	炭素税（Carbon tax）導入
1991年	スウェーデン	CO_2税（CO_2 tax）導入
	ノルウェー	CO_2税（CO_2 tax）導入
1992年	デンマーク	CO_2税（CO_2 tax）導入
1999年	ドイツ	電気税（Electricity tax）導入
	イタリア	鉱油税（Excises on mineral oils）の改正（石炭等を追加）
2001年	イギリス	気候変動税（Climate change levy）導入
<参考>2003年10月「エネルギー製品と電力に対する課税に関する枠組みEC指令」公布【2004年1月発効】		
2004年	オランダ	一般燃料税を既存のエネルギー税制に統合（石炭についてのみ燃料税として存続（Tax on coal）） 規制エネルギー税をエネルギー税（Energy tax）に改組
2005年	EU	EU排出量取引制度（EU Emissions Trading Scheme, EU-ETS）導入
2006年	ドイツ	鉱油税をエネルギー税（Energy tax）に改組（石炭を追加）
2007年	フランス	石炭税（Coal tax）導入
2008年	スイス	CO_2税（CO_2 levy）導入
	スイス	排出量取引制度（Swiss Emissions Trading Scheme）導入
	カナダ（ブリティッシュ・コロンビア州）	炭素税（Carbon tax）導入
2009年	米国（北東部州）	北東部州地域GHGイニシアチブ（RGGI）排出量取引制度（RGGI CO_2 Budget Trading Program）導入
2010年	アイルランド	炭素税（Carbon tax）導入
2010年	東京都	東京都温室効果ガス排出総量削減義務と排出量取引制度
2011年	埼玉県	埼玉県目標設定型排出量取引制度
2013年	米国（カリフォルニア州）	カリフォルニア州排出量取引制度（California Cap-and-Trade Program）導入
2014年	フランス	炭素税（Carbon tax）導入
	メキシコ	炭素税（Carbon tax）導入
2015年	ポルトガル	炭素税（Carbon tax）導入
2015年	韓国	韓国排出量取引制度（K-ETS）
2017年	チリ	炭素税（Carbon tax）導入
2017年	カナダ（アルバータ州）	炭素税（Carbon Levy）導入
2017年	中国	中国全国排出量取引制度導入予定
2017年	南アフリカ	炭素税（Carbon tax）導入予定
2018年	カナダ	2018年までに国内全ての州及び準州に炭素税（Carbon tax）または排出量取引制度（C&T）の導入を義務付け。 2018年までに未導入の州・準州には、炭素税と排出量取引制度双方を課す「連邦バックストップ」を適用。

（出典）各国政府及びOECD/EEAデータベース、世界銀行（2016）「State and Trends of Carbon Pricing 2016」等より作成。国内外における主なカーボンプライシング制度導入の時期

でエネルギー需要そのものはあまり減らない）ので、効果はないという意見を耳にします。確かに短期的には指摘の通りで、急に大幅なエネルギー消費量を削減することはできませんが、長期的には、機器の買い換え時に省エネ機器が選択され、エネルギー需要が減少するようになるなど、効果があります。

Q9

世界の金融業界は、グリーンボンドの発行、ＥＳＧ投資、ダイベストメントなど、気候変動対策に積極的に関与し始めていますが、日本の金融業界はこの流れに相当後れを取っているというのは本当ですか？

A

環境保全を促すための金融に関するルール作りは、欧州を中心に進められてきており、日本の金融はこうした動きと比較すると遅れている状況です。近年になって、日本でもＥＳＧ投資などの動きが見られるようになってきましたが、こうした取り組みが主流となるためには、投資を行う側の意識改革も必要となります。

グリーンボンドとは、温室効果ガス排出量の削減をはじめとする環境対策に取り組むプロジェクトに対して、必要な資金を調達するために自治体や企業が発行する債券のことを言います。また、ＥＳＧ投資とは、Environment（環境）、Social（社会）、Governance（統治）の頭文字をとったもので、従来の財務情報だけではなく、環境、社会、統治という長期的な成長に必要な視点を重視して投資を行うことを意味します。これは、持続可能な発展には、これらの3つの視点が不可欠ということが背景にあります。しかし、投資先企業株式を持ち続けるパッシブ運用機関は、環境や社会といった長期的な課題を重視するのに対して、投資期間が数カ月から数年と比較的短いアクティブ運用機関は、統治を重視する傾向にあります。

一方、ＥＳＧ投資に対応するため、様々な情報を開示することが企業側にも求められるようになっています。その1つの例が、２０１５年に国際機関の金融安定理事会（ＦＳＢ：Financial Stability Board）によって設立された気候関連財務情報開示タスクフォース（ＴＣＦＤ：Task Force on Climate-related Financial Disclosures）があります。

ＴＣＦＤは、今後の脱炭素社会に向けた移行過程において、適切な資本配分が行われることは、世界の金融の安定性にとって重要であるという背景のもとで、気候変動問題が議論される初めての国際的なイニシアチブです。ＴＣＦＤでは、既存の財務情報開示と同様に、気候関連の財務情報を経営として把握すること、年次財務報告書と併せて開示し内部監査等の対象とすることなどを挙げています。２０１８年9月末で、ＴＣＦＤには世界で４６１社参加していますが、そのうち日本企業（政府機関を含む）は28社の参加にとどまっています。このほか、気候変動問題への企業の取り組みを示すものとして、Science Based Targets（ＳＢＴ）とよばれるものもあります。これは、パリ協定で定められた産業革命前の世界の平均気温上昇を２℃よりも十分低い水準にするために、企業がＩＰＣＣの一連の報告書に基づく削減シナリオと整合した削減目標を設定するというものです。こちらは２０１８年９月末で世界全体では４９２社が参加しており、そのうち日本企業は64社となっています。こうした情報開示が行われることによって、投資家は、企業の環境保全、気候変動対策への取り組みを投資の際の判断材料とすることができるようになります。

ダイベストメントとは、投資（インベストメント）の対義語で、すでに投資している金融資産を引き揚げることを表します。近年、温暖化対策に逆行する石炭火力発電所の建設が議論されていますが、これらは、温暖化対策の実施によって発電することができなくなる可能性があり、その場合は、座礁資産として資産価値がなくなってしまいます。こうした座礁資産を保有する企業から投資を引き揚げ、撤退することがダイベストメントです。

こうした動きは、日本でも注目されるようになっていますが、まだまだ十分ではありません。ESG投資を行うために必要な情報を開示する企業の数が十分ではないだけではなく、制度として構築されても環境対策に熱心な企業に対する投資が十分に行われないといった問題もあります。投資家が短期的な利益だけを追求するのではなく、長期的な持続性という視点も考慮して投資を行うことが求められています。

Q10

適応策に関する法律ができたそうですが、緩和策だけでは到底地球温暖化の影響・被害は止められないということでしょうか?

A

温室効果ガスを減らす緩和策が大切なことは言うまでもありませんが、既に異常気象による被害が出始めていることから、各種の被害を最小にするための適応策も考え、実行する必要があるということです。

地球温暖化対策が国際社会で真剣に議論されるようになった1990年代の当初から、その対策は、CO_2などの温室効果ガスの排出を抑制するための「緩和策」と、温暖化の被害を最小限に抑える「適応策」とに二分され、各々の対策が検討されてきました。

その理由は、人口も増え、経済活動も拡大する中で、温室効果ガスを早急に削減することの困難さに加え、温室効果ガスは一旦大気中に排出されると、(ガス毎に寿命は異なりますが、)長い期間、大気中に滞留するため、数世紀にわたる相当の期間、大気温度の低下は期待できないからです。そのため、緩和策と併せて気温上昇に伴う各種の悪影響を最小に抑える適応策の重要性が認識されていました。例えば、気温上昇にも順応できるよう農作物の品種を改良したり、海面上昇や高潮に対応して防潮堤を嵩上げしたり、都市でのゲリラ豪雨に備えて排水設備を強化するなどはその典型例です。

■国、地方公共団体、事業者、国民等の幅広い主体の連携・協力による取り組みを展開
■信頼できるきめ細やかな情報にも基づき、各分野において効果的な適応策を推進

農林水産業 | 水環境・水資源 | 自然生態系 | 自然災害 | 健康 | 産業・経済活動 | 国民生活

将来影響の科学的知見に基づき、
・高温耐性の農作物品種の開発・普及
・魚類の分布域の変化に対応した漁場の整備
・堤防・洪水調整施設等の着実なハード整備
・ハザードマップ作製の促進
・熱中症予防対策の推進　　　等

適応策を実施する具体的分野（出典：環境省）

日本では２０１８年６月に「気候変動適応法」を制定し、国、地方公共団体、事業者、国民等の幅広い連携・協力による本格的な取り組みを展開することにしています。

この気候変動適応法のポイントは次の通りです。

・適応策を推進するための「適応計画」の策定を政府に義務付ける。地方自治体での策定は努力義務。

・国は最新の科学的知見を踏まえ、おおむね５年ごとに気候変動の影響を評価する。

・国立環境研究所は、国内外の気候変動の影響や適応策について情報を収集・分析し、地方自治体や途上国を支援する。

この法律に基づき適応策を実施する具体的分野は、農林水産業から国民生活に至るまでの７分野です。環境省の説明資料によれば、このうち、農林業においては、例えば米の品質が夏場の高温により低下している現象に対し、高温耐性に優れる品種を開発し普及を図る、あるいは、水産業では、日本海を中心にブリ、サワラ、スルメイカなど高水温が要因とされる漁獲量の減少を避けるため、漁場予想の高精度化を図り、環境の変化に対応した順応的な漁業生産活動を推進することとしています。また健康分野においては、例えば、夏場の熱中症対策として「熱中症予防情報サイト」を通して、当日の暑さ指数と熱中症危険度を公表し、国民に対し熱中症被害の軽減

策を周知するとともに、冷房の取れる一時休憩所の確保、都市緑化の推進などの施策を実行するとしています。

以上は適応策のほんの一例ですが、地球温暖化の影響は日本中どこでも、また業種を問わず広範に及ぶことを考えると、誰もが、適応対策がいよいよ必要になる時代に突入したことを認識することが肝要です。

なお海外では、スイスやオーストリアのスキー場の一部では、雪不足に悩まされたことから、人工雪の利用や夏のハイキング向け施設への転換などを行っています。アメリカでは熱波警報装置を構築したりしています。また太平洋の島国ツバルでは、マングローブの苗木を海岸に植えて国土を海水浸食から防いでいます。

地球温暖化そのものは、もはや避けることの出来ない現実を考えると、適応策の重要性は急速に増大し、そのための費用負担は官民とも膨張していくと考えられます。

Q11 技術開発により温暖化問題は解決されると言われますが、本当ですか？

A 技術開発も大切ですが、それだけでは到底、温暖化問題は解決できません。やはり地道に化石燃料の使用を減らし、省エネを徹底し、再生可能エネルギーに転換していくのが近道です。

「安い費用で大気中のCO_2を無害なものに変えたり、大気中からCO_2を取り除くことができれば、地球温暖化問題は解決するのでは」。こんなことを考えた人は多く、かつて米国の億万長者は、大気中からCO_2を取り除く現実的な方法を考案した人に2500万ドル（約28億円）の「地球挑戦賞」を授与すると申し出ました。この提案に奮い立った人がどれだけいたのか分かりませんが、今なお受賞者は現れていないようです。

確かに安価に大気中のCO_2を除去できればいいですが、これはとても難しいことです。例えば火力発電所から出るCO_2を大気中に放出せず、すべてドライアイスに変える方法を考えてみると、うまくCO_2を分離して固体のドライアイスに変え、保管するには膨大なエネルギーが必要です。また貯まる一方のドライアイスをどこかに運び出すには輸送車を大量に用意しなければならず、やはり大量のエネルギーを使うことになり、現実的ではないことがよく分かります。

現在、類似の方法としてＣＣＳ（CO_2回収・貯留）と呼ばれる手法が注目されていますが、これについては、Ｑ13で取り上げます。

化学物質を利用してCO_2を取り除く方法の研究はずいぶん進展しましたが、コスト面などで問題があり、実用化にはまだまだ時間がかかりそうです。

もし植物の光合成のメカニズムを生かし、太陽光と水、空気中のCO_2から効率よくエネルギーを作ることができれば、脱炭素社会の実現に向けて大きく前進することから、人工光合成の研究が世界で進められています。光合成反応で水を水素と酸素に分解する過程がありますが、日本の研究グループはこの過程の一部に関与する酵素の構造を突き止めました。欧米のグループも熱心に研究に取り組み、世界の競争は激しさを増していますが、人工光合成はまだ基礎研究の段階であり、実用化までの道は遠く険しいとされています。

微生物の力を借りようとする研究も進んでいます。人間の全遺伝情報（ヒトゲノム）解読に大きな役割を果たした米国のクレイグ・ベンター博士は温暖化防止のため微生物の利用を真剣に考え、自著で「微生物の利用で大気成分を変える」「CO_2を吸収する新生物を設計する」などのアイデアを紹介しています。日本ではCO_2を海底炭田に封じ込め、微生物の力で燃料のメタンに変える技術開発も進められています。期待は持てそうですが、微生物が地球規模で進む温暖化の防止にどれだけ威力を発揮するかは分かりません。

ずっと期待されてきたものに宇宙太陽光発電があります。天候に左右されずに発電できるという特徴があり、地上約3万６０００キロメートルの静止軌道に直径2～3キロメートルに渡って太陽電池パネルを広げれば、１００万キロワット級の発電ができるそうです。発電した電気はマイクロ波に変換して地上に送りますが、この送受電技術のほか、太陽電池パネルの宇宙への輸送や組み立てなどの課題があります。また強力なマイクロ波の人体や環境への悪影響はないのか、といった問題の解決も欠かせません。

このほかにもいろいろな技術的挑戦は試みられていますが、問題は、温暖化のスピードとこれら技術の開発・普及のスピード・コストの乖離です。やはり省エネと再生可能エネルギーの徹底利用が最も適切な対応のようです。

Column
コラム

【気候工学の有効性は？】

気候を自由に操ることができれば、地球温暖化による気候変動問題は解決に結び付くのでは、という発想は以前からあり、温暖化が現実の脅威となった今、一段と脚光を浴びるようになりました。一連の手法は気候工学（ジオエンジニアリング）と呼ばれます。気候を思いのまま操れるなら、温暖化を心配しなくてもいいかも知れませんが、地球を相手にそう簡単にいきません。

気候工学には大きく分けて二つの方法があります。太陽光を反射して地球を冷やそうという太陽放射管理（SRM）と、文字通り大気中からCO_2を取り除いて温室効果を弱めようというCO_2除去（CDR）です。CO_2除去に関しては最初にも述べましたが、気候工学でも注目されています。

太陽放射管理で代表的なのは、オゾンホールに関する研究でノーベル化学賞を受賞したドイツのパウル・クルッツェン博士らが2005年に提唱した方法です。これは大量の二酸化硫黄（SO_2）を上空10～50キロメートルの成層圏に注入し、水蒸気との反応で硫酸の粒（硫酸エアロゾル）を作って太陽光を宇宙に反射させようというもの。自然界では火山の噴火で噴出した二酸化硫黄が硫酸エアロゾルとなって火山灰などとともに、日傘の役割を果たし、地球冷却効果があることが知られています。1991年のフィリピン・ピナツボ山の噴火では世界の平均気温は約0・4℃下がったとされ、いわば自然界で実験済みの試みと言っていいでしょう。大気中のCO_2濃度が倍増してもSO_2を毎年3500万トンほど成層圏に加えれば釣り合うという計算結果が出ています。このほか太陽放射管理には、海水を巻き上げて雲の核となる海塩粒子を生成し、雲の反射率を高める方法や、宇宙や陸上、海上の広い範囲に太陽光を反射する大きな鏡を設置する方法などがあります。

CO_2除去では、海にプランクトンの栄養源となる鉄を散布して光合成を促進し、CO_2を吸収しようという方法があり、海洋肥沃化と呼ばれています。これまで南極海や赤道太平洋の一部の海域の表層に鉄の粉を散布して、生物生産が上がるかどうかを確認する実験が何回か行われ、ある程度の効果が確認されました。大規模に実施すれば50ppm（ppmは100万分の1の単位）程度の大気中CO_2を減らす効果があると推測されています。このほか前述したように化学物質を使ってCO_2を除去する方法などがあります。

気候工学については、「地球を相手にそんなにうまくいくのか」「地球規模の副作用が起こるのでは」といった疑問があります。科学界の評価も「将来的に気候変動の緩和に役立つ可能性がある」「気候変動の解決策にならない」と分かれています。

成層圏にSO_2を注入する方法は比較的安価で簡単でもあり、異常気象に直面した国が一国の判断で実施に移すといった心配も出ています。ところがいったんSO_2の散布を始めたら途中でやめることはできません。例えば30年後などに散布を中止すれば、それまでに相当高い値に達したCO_2濃度に反応して気温が急上昇するでしょう。CO_2除去が目的の鉄の散布も一度始めたら、まき続ける必要があります。

太陽放射管理の実施で温暖化対策がおろそかになって大気中CO_2濃度が上がり続ければ、海洋の酸性化が進むでしょう。人工的に大気中CO_2を除去できるようになったとしても、今度は海洋と陸域に蓄積されたＣＯ$_2$が大気中に戻ってくることを考える必要があります。海洋肥沃化も生態系への影響が避けられません。問題山積の気候工学には安易には着手できないのです。

Q12 石炭は天然ガスや石油と同じ化石燃料なのに、なぜ悪者扱いされるのですか?

A 化石燃料の中で石炭は、高効率の燃焼技術を用いても単位熱量当たり最も多くのCO_2を出し、地球温暖化を促進するからです。

なぜ石炭が一番多くのCO_2を出すのかは、それほど知られていません。石炭はほとんど炭素(C)からできているのに対し、炭素以外に水素も含む石油と天然ガス(メタン)では水素も燃焼して熱量を出すため、単位熱量を得るのに出るCO_2は相対的に少なくなります。単位熱量当たりのCO_2排出量は石炭を100とすると、石油は75、天然ガス55とされ、おおざっぱに言って石炭は天然ガスの2倍のCO_2を出します。そのため石炭火力発電所には厳しい目が注がれるわけです。

世界の電力の約4割はコストが安い石炭火力で賄われていますが、中国など新興国では多くの施設が老朽化しています。日本は2011年3月の東京電力福島第一原発事故後、電力会社が原発に代わる安価で安定した電源の確保を急いだことや、2016年春からの電力自由化によって業界内の競争激化が予想されたことから、石炭火力発電所の建設計画が計50基に達し、2018年9月末現在、8基はすでに稼働し、7基が中止されました。

国内だけにとどまらず、日本の政府系金融機関などが東南アジアなどで進められている10基以上の

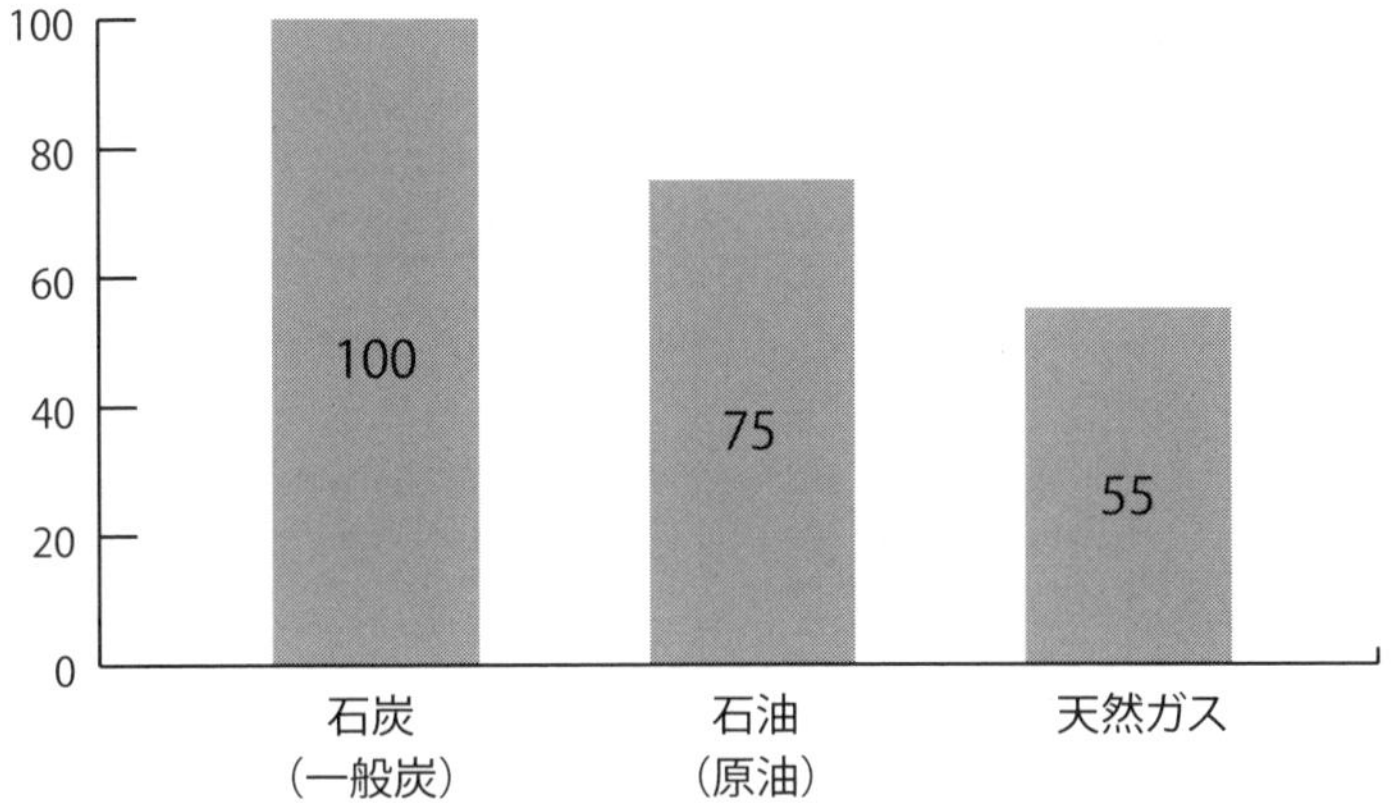

同じ熱量を得るのに排出されるCO_2量（石炭を100とする）

石炭火力建設計画を支援しています。インドネシア西ジャワ州では日本の政府開発援助（ＯＤＡ）を受けて火力発電所建設計画が進行中ですが、地元では激しい反対運動が起きています。石炭火力への日本の積極姿勢は、各国が天然ガスによる発電や再生可能エネルギーへの転換に舵を切るなど石炭離れの進む世界の動向に逆行するため、国内外で厳しい批判にさらされています。

２０１５年11月にパリで開かれた経済協力開発機構（ＯＥＣＤ）会合では、石炭火力を途上国に輸出する場合、政府系金融機関を通じた融資を原則禁止とすることが決まりました。これを主導したのが当時のオバマ米大統領でした。シェールガス革命でCO_2排出量の少ない天然ガスを量産できるようになったことから、米国内の石炭火力の新設を事実上禁止し、各国首脳にも脱石炭を求めました。電源の約４割を石炭火力に頼る米国のオバマ氏が火力発電所のCO_2排出量を２０３０年までに２００５年比で32％削減する規制を打ち出したのは、石炭火力発電所の廃止を促したものでした。この「クリーン・パワー・プラン」に対し、全米の半数以上の州が規制差し止め訴訟を起こすなど、米国ではさながら石炭戦争が繰り広げられました。

英国はOECD会合に合わせる形で、国内にある石炭火力発電所を2025年までに廃止する方針を発表しました。当時のルッド・エネルギー気候変動相は「再生可能エネルギーが成長しているにもかかわらず、石炭への依存度が下がっていない」と述べ、石炭火力の廃止で温室効果ガスを削減する方針を示しました。

フランスも石炭火力の廃止に向けた政策を打ち出すなど、欧州全体でも石炭火力発電所の運転停止に進んでいくと予想されます。

大気汚染に悩む中国では石炭の消費量が減少し、ベトナムは温室効果ガス削減のため国内で新たな石炭火力発電所を建設しない方針を打ち出しました。

こうした中で日本の石炭火力推進政策は際立っています。英国のNGO「E3G」はOECD会合に先立って先進7カ国（G7）の石炭火力からの脱却度を評価する報告書を公表しましたが、新設計画が相次ぐ日本は最下位でした。老朽化施設の閉鎖が進む米国が1位となるなどG7の他の国で脱石炭が進む中で、日本の対応の遅れが際立つ形になりました。報告書によると、「新設計画」「既存施設の閉鎖」「資金提供など国際的な影響」の3分野で評価した結果、日本はすべてで最も悪い成績でした。

OECDでの米国提案に対し、日本は高効率石炭火力への支援だけは引き続き認められることを条件に賛成しましたが、石炭火力を推進する日本がG7の中で孤立していることが浮き彫りになりました。原発事故を起こして原発の再稼働が滞っているという事情は、温暖化防止という世界の共通目標の前には理由にはならないわけです。

ところが、パリ協定に背を向ける米国のトランプ政権の発足で事情は変わってきました。米環境保護局（EPA）は2017年10月、エネルギー業界へのアピールを狙い、オバマ氏が進めた火力発電所規制を撤廃する案を発表しました。当時のプルイット長官は「オバマ政権の過ちを正す」「石炭との戦争は終わった」とまで語りました。

同年11月にボンで開かれた国連気候変動枠組み条約第23回締約国会議（ＣＯＰ23）では、英国、カナダの主導で石炭火力発電からの撤退を目指すグローバル連合が設立されました。その一方で、石炭産業復活を前面に出した米トランプ政権と国内外で石炭火力を推進する日本が、国際ＮＧＯなどから強く批判されました。同時期に行われた日米首脳会談で途上国への石炭火力発電所輸出推進で一致したこともあり、パリ協定離脱を表明した米トランプ政権と日本の安倍政権がやっていることは同じだという非難の声まで聞かれました。

日本政府は「高効率石炭火力なら問題は小さい」と主張しますが、石炭をガス化して燃焼させる石炭ガス化複合発電（ＩＧＣＣ）のように、現在実証段階にある高効率石炭火力でも従来の石炭火力より16％CO_2を削減する程度に過ぎません。天然ガス火力に比べれば、はるかに排出量は多く、石炭が炭素だけからできているという「固有の欠点」は高効率石炭火力と銘打っても、あまり是正されないのです。

Q 13

火力発電所から出るCO_2を地中や海底下に閉じ込めるCCS（CO_2回収・貯留）は本当に期待できる技術ですか？

A

いまの段階ではCCSを実用化できるのか、はっきりしません。コスト削減が最大の課題となっています。

CCSにとりわけ期待を寄せるのは、「気候変動に関する政府間パネル」（IPCC）と言ってもいいでしょう。

IPCCの第5次評価報告書は産業革命前から21世紀末までの気温上昇を「2℃よりかなり低く抑える」という目標達成に向けて、温室効果ガス大幅削減のカギを握るのは低炭素エネルギーだと指摘しました。それは再生可能エネルギーと原子力、CCS（CCS施設付きの火力発電所、の意味）の3つであり、これら低炭素エネルギーの発電割合を従来の30％から80％以上に引き上げる必要があるというのです。

IPCCの専門家は報告書公表の際の記者会見で「CCSがないと2℃以内は無理」とまで述べ、CCSなしの火力発電は全廃される必要があると指摘しました。

そしてこの取り組みは既に始まっています。

ノルウェーの石油・天然ガス採掘業者が北海で大量のCO_2を海底下の帯水層に封じ込めました。カナダではＣＣＳ施設がブリティッシュ・コロンビア、アルバータ、サスカチュワンの3州に建設されました。それぞれCO_2を大量に排出する施設近くに貯留サイトがあり、いずれ米国が利用してくれれば新たな収入源ができると考えています。

大規模なCO_2注入実験はこれまで欧米を中心に10カ所以上で実施されてきましたが、多くは勢いのなくなった油田にCO_2を注入し、原油を増産するのが目的でした。このほか、ＣＣＳプロジェクトは世界に数十件あります。

日本では太平洋をのぞむ北海道苫小牧市にＣＣＳの実証プラントが建設され、２０１６年度から３年間かけ、年間10万トン以上を貯留する計画を進めています。経済産業省の実証事業であり、電力会社や石油会社などが出資して設立された「日本ＣＣＳ調査」が請け負いました。

製油所から分離したCO_2を斜めに掘った井戸で海底下１０００メートル付近と３０００メートル付近の2カ所の地層に入れています。CO_2を大量に出す火力発電所や製鉄所は海岸近くにあるケースが多いため、直下に入れるよりも選択肢が広がる可能性があります。ＣＣＳではコストの大半を占めるのがCO_2の分離ですが、今回の実証事業ではアミン液という液体にCO_2をいったん取り込んだ後、それを加熱して分離しており、コスト削減の可能性を探るのも目的にしています。

２０１４年4月に閣議決定された第4次エネルギー基本計画は「２０２０年ごろのＣＣＳ技術の実用化」という目標を掲げました。ＣＣＳの実用化に当たっては1カ所当たり年１００万トン規模の注入が想定され、日本ＣＣＳ調査は「将来的には日本全国で年間計数億トンの注入も十分可能だ」としています。しかし、CO_2分離などに大量のエネルギーを使い、関連施設の建設費や輸送費もかさみます。コスト削減が大きな課題で、経済性を持たせるには、CO_2 １トンの回収・貯留に現在の試算で

７０００円かかるのを２０００～３０００円に下げる必要があるということです。

しかし、最初からＣＣＳは恒久的な温暖化対策には向かないとされ、脱化石燃料に至るまでの時間稼ぎの位置づけになっています。閉じ込めたCO_2が漏れ出たり、海洋環境に悪影響を与えたりしないかという懸念もあります。ＩＰＣＣも漏れがゼロとは予測していません。

そんな中で米コロンビア大学などが２０１６年６月10日付の米科学誌サイエンスに発表したＣＣＳについての研究結果が世界の注目を集めました。アイスランドの首都レイキャビクから東に25キロメートル離れた地熱発電所から出たCO_2約２３０トンを水に溶かし、付近の地下４００～８００メートルに圧力をかけて注入したところ、２年以内にCO_2の95％以上が炭酸塩鉱物になっていたというのです。予想以上に早い鉱物化が確認され、「地中貯留の安全性実証につながるもの」と評価する専門家もいます。

ＣＣＳ技術はもともと油田にCO_2を注入して原油を増産する手法として米国で開発されました。それが「CO_2削減に役立ちそうだ」と関心を集め、長年にわたって世界的に研究や実験が行われてきました。しかし、いまだに本格的な実用化には至りません。「かなりの費用がかかり、実用化は難しい」「こんな技術に頼るより、地道にCO_2を削減することが重要ではないか」という批判にさらされ、「１００年後にどうなっているかは誰にも分からない」「高圧での注入が地震を誘発しないか」などと心配する声も上がっています。

それでもＩＰＣＣは２℃目標達成には欠かせない技術だとしてＣＣＳに期待を寄せ、植物由来のバイオ燃料などを使った発電所としてバイオＣＣＳ（ＢＥＣＣＳ）導入も推奨しています。いわば究極の火力発電所です。国際エネルギー機関（ＩＥＡ）の試算によると、２℃目標達成にはＣＣＳが排出削減の14％分を担う必要があります。少なくともCO_2排出量の多い石炭火力発電所の新増設についてはＣＣＳを備えるよう求める動きが世界的に強まるかも知れません。

パリ協定の発効によってＣＣＳの技術開発、コスト削減に一段と力を入れようという動きが国際的にどれだけ出てくるかが今後の焦点になりそうです。ＣＣＳが実用化しないと2℃目標達成は難しいと言われますが、ＣＣＳの前途は多難なようです。

【言葉の説明：ＣＣＳ】

ＣＣＳは、まず、CO_2を大量に出す火力発電所や天然ガスのプラントなどで特殊な装置によってCO_2を分離します。それをパイプラインやタンカーで貯留地点まで運び、高温高圧で液体と気体の両方の性質を持つ状態にして、陸域や海底下の岩石と水分が混ざった帯水層や陸地の油田、炭鉱の跡などに封じ込めます。上部には水分を通さず、フタの役割を果たす不透水層という地層がある場所を選ぶなど工夫するため、通常ではCO_2は漏れ出ません。最終的にはCO_2は地層の水に溶け込み、鉱物と反応して沈殿するとされています。

こうしたＣＣＳが脚光を浴びるのは、何よりも大量のCO_2を隔離できる可能性があるからです。ＩＰＣＣがかつて出した特別報告書では、世界で少なくともCO_2を2兆トン貯留できる可能性があるとしていますから、単純計算では世界のエネルギー起源のCO_2排出量の約60年分に相当します。日本でも最大で1400億トンの貯留能力があると推定され、実用化された場合のメリットは大きいのです。

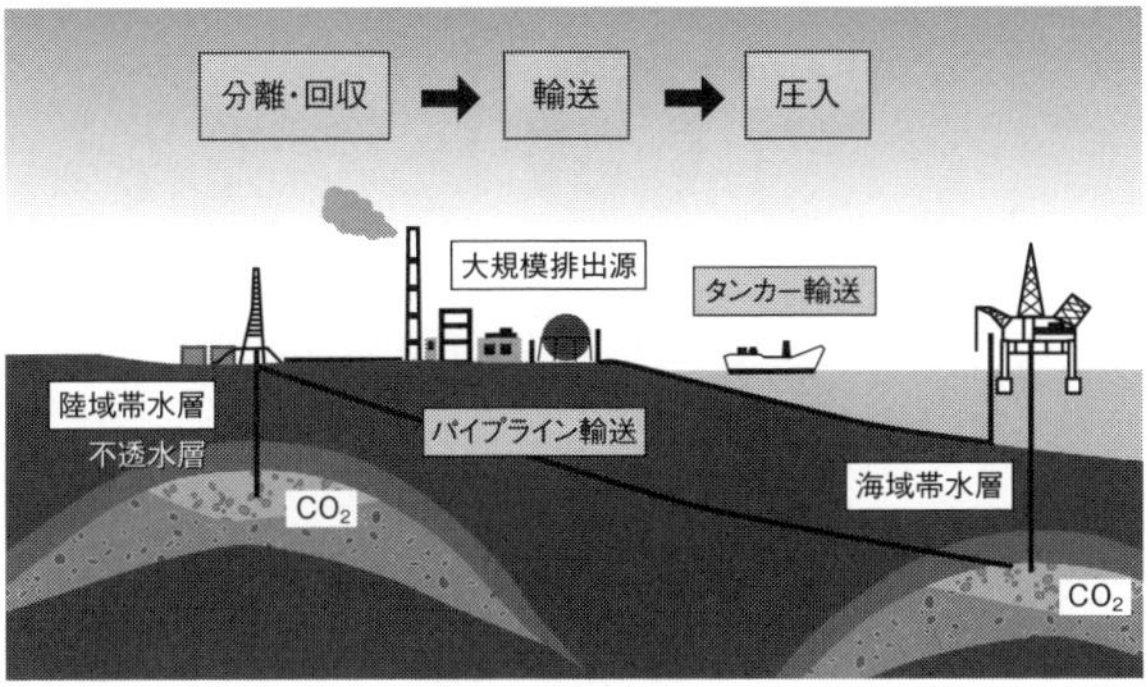

ＣＣＳの概念図

Q14 温暖化問題については、いつも先進国と途上国の対立が続いていたと聞いていますが、それは解決したのですか?

A いまだに対立は残っています。パリ協定は全会一致で採択されましたが、世界がパリ協定を基に地球温暖化対策を進めていく上でこうした対立の解消は大きな課題です。

地球温暖化防止に向けて国際的にどう取り組んでいくかという議論が長年行われてきましたが、それはまさに先進国と途上国の対立の歴史だったと言えます。途上国は「温暖化の責任は先進国にあり、途上国は被害者」とずっと主張し続けてきました。

国際協力で温暖化防止を目指す国連気候変動枠組み条約は1992年6月に採択され、「先進国がそれぞれ2000年までに温室効果ガス排出量を1990年レベルまでに戻す」ことを目指して1994年3月に発効しました。当時も途上国は同条約の締約国となっていますが、温室効果ガスの削減義務を負うのは基本的に先進国だけということでした。

条約では「共通だが差異ある責任原則」という地球サミットで確立された原則を確認したことが大きな特徴でした。これは温暖化防止などで先進国と途上国は共通に責任を有しているが、温室効果ガスをこれまで大量に出し続け、経済的にも優位にある先進国と途上国では責任におのずから差があるという意味です。

条約の国際交渉では、途上国側は「先進国は我々から搾取して豊かになり、CO_2をはじめとした温室効果ガスを出し続けた。それがいまの地球温暖化を引き起こした」と先進国側の責任を追及し、先進国は資金、技術、人材育成面で途上国を支援すべきと迫りました。1995年の気候変動枠組み条約第1回締約国会議（COP1）でも途上国は「削減義務の対象を先進国に限定すべきだ」と主張し、COP3で採択された京都議定書でも、温室効果ガス排出抑制への途上国の参加は見送られました。

ところが、その後温暖化をめぐる世界の情勢は大きく変わりました。中国やインド、ブラジル、メキシコなどの新興国は経済発展し、温室効果ガスの排出量は大幅に増加しました。特に中国は2007年に米国を抜いて世界一のCO_2排出国となったにもかかわらず、これらの新興国はなおも途上国の位置づけのままです。途上国はいまや世界の温室効果ガス排出量の6割を占めるまでに至りました。

これでは先進国の排出がたとえゼロになっても、途上国の排出が増える限りCO_2濃度を安定化させることはできません。途上国抜きでは温暖化対策は一歩も進まないことが明白になったのです。

こうして2015年12月のCOP21では、温暖化対策の新たな国際枠組みであるパリ協定が採択され、2020年以降はすべての国が削減に取り組むことになりました。それでも途上国は「先進国がより多くの責任を負うべき」とする考え方を変えていません。先進国は「途上国も応分の責任を負ってほしい。もう先進国、途上国という分け方はすべきではない」と主張し、両者の溝は埋まっていません。

パリ協定に基づき、先進国は国全体から排出される温室効果ガス総量の削減に取り組むのに対し、制度が整っていない途上国はできるところから始め、最終的には先進国同様に総量で減らしていくことになります。

世界最大の排出国、中国の削減目標は「2030年までに排出量をピークとする」ことです。米国に次ぐ排出量3位のインドの削減目標は「国内総生産（GDP）当たりの排出量を2005年比で2030年までに33～35％減」です。このため両国の当面の排出量増加は避けられず、早急に総量削減していく必要があります。いまや途上国全体の排出量は先進国全体の排出量をはるかに上回り、途上国の排出削減が今後の最大の課題であることは言うまでもありません。

しかし、途上国には温暖化対策に回す資金が足りません。全人口の4分の1に近い3億人が電気のない生活を送っているインドは、現在の削減目標を達成するには少なくとも2兆5000億ドル（約280兆円）を必要とし、先進国からの資金支援を期待しています。他の途上国も同様で、化石燃料の消費で経済発展した先進国の資金を頼りにしています。

ところが先進国もいまは自国の排出削減に手一杯の状態であり、途上国に資金支援する余裕はあまりありません。パリ協定を採択したCOP21では、途上国への資金支援をめぐって最後まで先進国と途上国の対立が続きました。結局、パリ協定本体ではなく、別の文書で「年1000億ドル（約11兆円）を下限として新しい数値目標を2025年までに設定する」と明記することで決着しました。

一方、温室効果ガスの排出削減への資金支援だけでなく、気候変動に対応し切れずに発生する「損失と被害」に関しても被害を受けた途上国を救済する仕組みを整えることがCOP21で決まりました。パリ協定で、途上国を含めた全員参加を決めた以上、先進国が途上国に応分の資金支援をすることは当然であり、排出削減に熱心に取り組む途上国には、先進国から資金が流れ込む仕組み作りが重要になります。一方で経済力をつけた新興国も自発的に資金を出すよう求められ、中国は他の途上国への200億元（約3300億円）の支援を表明しました。

パリ協定でいい流れが出てきたにもかかわらず、トランプ米大統領が２０１７年６月にパリ協定からの離脱を表明するとともに、途上国向けの資金支援も停止する方針を明らかにしました。このままでは「年１０００億ドルを下限に途上国に資金支援する」という約束が宙に浮く可能性があり、パリ協定の実施に黄信号が灯るという事態です。

パリ協定は、産業革命前からの気温上昇を「２℃よりかなり低く抑える」と同時に、「１・５℃未満に抑えるよう努力する」という表現を盛り込みましたが、この目標の達成には多くの困難が待ち受けており、克服するには地球規模の協力体制を築くことが必要です。特に途上国は総量削減に早急に取り組むことが求められ、そのためには先進国からの資金支援と技術移転が欠かせません。

地球温暖化問題には国境はなく、先進国と途上国の協力なしでは道は開けません。毎日を生きるのに精いっぱいの人々が多い途上国は、今も「先進国は資金協力や技術移転の約束を反故にする一方で、途上国には排出削減の数値目標を義務づけようとする」と強く反発しています。

ＩＰＣＣの第５次評価報告書によると、２℃目標を達成するには、２０５０年には２０１０年比で温室効果ガスを40～70％削減する必要があり、１人当たりCO_2排出量は世界各国を均等化して年２トンが目安になります。日本人は現在年９トンほど排出していることを考えると、公平性の観点からは８割程度削減する必要があります。先進国の日本は国内で努力を惜しまず大幅削減すると同時に、途上国への支援が求められるわけです。

Q15 トランプ大統領はパリ協定から離脱表明しましたが、世界の気候変動対策にどのような影響を与えますか？

A

国際社会が一丸となった動きに水をさしたのは事実ですし、途上国への資金支援などへの影響も心配されます。しかし、米国内にもトランプ大統領に反対し、対策を強力に進めようとする多くの州、自治体、企業、科学者、市民などが結集しています。また今のところトランプ政権のアメリカに追随する国はありません。

トランプ大統領は、大統領選挙中から地球温暖化は中国のでっち上げといった発言を繰り返し、当選したらパリ協定から離脱する旨公言していました。そして、就任後の２０１７年６月１日に正式に離脱を表明しました。それに先立つ同年３月には、オバマ政権が積み上げてきた気候変動対策（クリーン・パワー・プラン）を否定する内容の大統領令に署名しています。この大統領令では、トランプ政権内で気候変動対策を直接所管している環境保護局（ＥＰＡ）の次年度予算を大幅に削減（31％）する意向を表明し、気候変動政策の弱体化を明確に盛り込んでいます。

しかし、このようなトランプ大統領の科学の成果を無視した姿勢に対して、２０１７年４月22日のアースデイには、米国最大の科学者団体「米科学振興協会」らの呼びかけに応じ、全米のみならず世界の600カ所を超える場所で、抗議行動が行われました。

トランプ政権のパリ協定離脱後の最初の気候変動の国連会議であるCOP23（ドイツのボンで開催）には、米国で、“We Are Still In（我々はパリ協定にとどまっている）〟運動に加わっている自治体、企業、科学者、市民団体等多数が参加しました。この運動には、その時点で、15州、455の都市、1700を超す企業（テスラ、ウォルト・ディズニー、フェイスブック、グーグル、マイクロソフト、アマゾン、アップルなど著名な企業も参加）、そして180を超す大学など、全体で約2500の組織が参加し、トランプ政権の政策とは明瞭に異なり、パリ協定を尊重する政策を表明しました。

このほか、パリ協定採択から2年目となる2017年12月12日には、フランスのマクロン大統領が呼びかけた「気候変動サミット」が、55カ国の首脳らが参加して開催され、脱化石燃料のための資金の活用が紹介されました。また中国政府もパリ協定を実施する旨繰り返し表明しており、トランプ政権の方針は孤立化を深めています。

2018年12月にはポーランドの南部都市・カトビツェで開催されたCOP24において、パリ協定を実施するのに必要な実施指針（ルールブック）策定交渉は難航しました。しかし、トランプ政権下のアメリカはもとより、途上国を含むすべての国が同じ基準で温室効果ガス削減目標を設定し、国連に報告するなどに合意したことから、2020年からの同協定の実施に目途がつきました。

Q16 最近、SDGsという新しい目標が国際的に大きく取り上げられていますが、気候変動とSDGsとの関係を教えてください。

A SDGs「持続可能な開発目標」（2015年9月に国連採択）は、2030年に向けた持続可能な社会づくりのための目標を定め、「誰一人置き去りにしない社会」をモットーに、持続可能な人類社会を目指して総合的な世界の変革を求めるもので、気候変動への対応もその中に含まれています。

世界の持続可能性を脅かす問題としては、気候変動や資源の問題だけでなく、生物多様性の喪失や化学物質の多用による環境問題、さらに貧困・飢餓、女性の参加など社会、経済の危機も進行しています。そこで国連では、それまでの様々な課題を集約する形で、「SDGs（Sustainable Development Goals）」として、持続可能な世界の実現のために、環境のみならず、貧困、飢餓、健康・福祉などに関して2030年までに達成すべき17分野の目標を掲げました。SDGsは途上国に限らず先進国を含む世界のすべての国に目標が適用されるという普遍性を持ち、先進国も自ら国内で取り組むことになっています。また、環境、経済、社会の統合の概念も打ち出されています。

一方、産業革命以降、化石燃料の消費拡大につれ、温室効果ガス排出量が増加の一途をたどり、気

候変動という形で生態系（生態系の崩壊は人類の滅亡を意味する）や人間社会に深刻な影響を及ぼし始めています。１９９０年の世界のＣＯ$_2$排出量は約２１０億トンでしたが、２０１５年には約３３０億トンとなり、この25年間で温室効果ガスの排出は50％以上増加しています。そしてその原因の多くは、地球上に生息する生物の一種にしか過ぎない人間の活動によるものです。地球温暖化は世界の気候メカニズムを長期的に変化させ、今すぐにも対策をとらなければ危機的状況になることが予測されます。残された時間は刻々となくなりつつあります。

　こうした状況も踏まえ、ＳＤＧｓの17の目標には、気候変動やエネルギー問題への対応も求めた目標が含まれています。それが13番目と7番目の目標です。

　13番目の目標は、「気候変動及びその影響を軽減するための緊急対策を講じる」というものです。これとリンクした目標の7番目が「全ての人々に、安価かつ信頼できる持続可能な現代的エネルギーへのアクセスを確保する」ことです。そしてこれらの目標は、他の15の目標のすべてとも関連している重要な目標です。

　ＳＤＧｓの目標7は、現在、13億人の人々が電気のない生活をし、27億人が炊事などに薪、乾燥畜糞を使用している現状を解消するためのものです。しかし、開発途上国の人々が古典的なバイオマス利用から、これまでの先進国の人々と同様にCO_2を大量に排出する化石燃料を使うことになると大変な事態になります。そのため、可能な限り近代的な再生可能なエネルギーを手にすることを目指しています。それによって、気候変動に甚大な影響を及ぼす温室効果ガスを少しでも削減することができます。

Q17

日本では、再生可能エネルギーはようやく6％（大型水力を入れると15％）に達した程度であり、今の暮らしや活動を維持するには、他の化石燃料や原子力エネルギーに頼らざるを得ないのではないですか？

A

今すぐには無理でも、政策、技術、意識改革などあらゆる手段を講じて、原子力に頼らず、早急に「脱炭素化」していく必要がありますし、それは可能です。

現在、日本の電源に占める再生可能エネルギー（水力を含む）の割合は、15・3％（2016年度）に過ぎず、今すぐすべてのエネルギーを再生可能エネルギーに転換することは困難です。しかし、中・長期的には、政策、技術、企業経営者や市民の意識改革などあらゆる手段を講じて、できるだけ早く脱炭素化を進める必要があり、それは可能です。その時期は今後30年後程度を目標として可能性のあるあらゆる対策を進めるべきでしょう。

そうしたエネルギー源の転換と併せて、大量のエネルギーを消費している今の暮らしや活動を維持することが必要かを真剣に考え直すことも大切です。無駄なエネルギーを使っていないか、省エネルギーの余地がないか、いろいろな経済活動、工業生産の中だけでなく、私たち自身の日々の生活においても冷静に見直す必要があります。

パリ協定を踏まえ、日本では、温室効果ガスについては、「2013年度比で2030年度26％削減、2050年度80％削減」を当面の目標としています。この目標を達成するため、再生可能エネルギーを拡大し、化石燃料や原子力への依存度合をどのように削減するかについては、政策、技術開発などの時間軸も考えなければなりません。

今後30年前後で再生可能エネルギーに100％転換していくことは可能と考える人もいます。そのためには、再生可能エネルギー推進のための政策を充実させるとともに、企業経営者、特に大企業やエネルギー関連産業などの抜本的な意識改革、さらには多方面にわたる技術進歩が必要です。加えて、グリーン税制、カーボンプライシング（CO_2に値段をつける政策）などはどうしても必要な政策です。また、再生可能エネルギーを上手に供給できるよう、市民が身近な再生可能エネルギーを開発し「エネルギーの地産地消」を広げる方策を考え、協力することも必要です。

同時に、広域的、効果的に再生可能エネルギーを利用し、エネルギー全体の供給信頼度を確保する必要があります。電力については広範囲の送・変・配電系統連系の改善・強化が必要です。

これらの政策、対策実現のためには、国、企業の努力だけでなく、必要な土地所有権・水利権・漁業権など既得権益の転活用など、市民意識の改革も同時に求められます。

日本の大企業経営者の中には、かつては環境改善を目標として、CO_2発生量が相対的に少ない液化天然ガスの利用を進めるなど、世界に先んじて技術開発を進め、実用化してきた経緯があります。これらは、短期的には経済性に劣っても中・長期的には十分経済性が確保され、世界から注目された歴史がありました。

こうしたことを踏まえ、これからの企業経営者も、短期的な経営効率にとらわれることなく、長期を見通し理想を追求してきた先達の知恵などを振り返り、地球規模で長期的な観点から、エネルギー構造を転換していく必要があります。

原子力については、高レベル放射性廃棄物の最終処分場問題や、いつどこで発生するかわからない地震災害などを考慮し、できるだけ早急にゼロ化を進めるべきです。その一方で、「原発ゼロ」への工程表を丁寧に示す必要があります。その際、注目すべきは、原子力発電所の立地地点やその周辺の直接・間接の雇用対策です。マクロ的・広域的には、再生可能エネルギー活用による雇用拡大が取り上げられていますが、短期的にみて、直接の地域対応雇用とどう結びつけるかが課題であり、それを解決するためには、原発立地の自治体、住民に任せるのではなく、国レベルでの現実的対策が必要です。

Q18

資源の少ない日本では、原発がなくなると、海外から大量の化石燃料を輸入せざるを得ず、それにより国富が大量に流出すると言われることがあります。また原発はCO_2を出さず、原発立地の人たちの雇用も生み出すことから、原発再稼働は必要だという意見もありますが、本当ですか？

A

その意見が本当だとは思えません。CO_2を出さないという意味では、安全な再生可能エネルギーという代替がありますし、雇用についても再生可能エネルギー分野での雇用創出もすでに実績があります。持続性や将来世代のことを考えた場合、地震国である日本で原発を続けることと、再生可能エネルギーに切り替えていくことのどちらが賢明な選択かは、明らかです。

海外からの化石燃料を輸入するため、原油価格や為替レートにより年毎に変動がありますが、概ね毎年20兆円前後の資金が海外に流出しています。これまでは、日本経済はこの出費にも耐えられましたが、原発をすべて停止すると、一時的には、化石燃料の輸入が増大し、日本経済に対する負担は増えることから、一部で国富の流出が懸念されたことは事実です。

しかし、省エネの徹底と国産エネルギーとも言える太陽光、風力などの再生可能エネルギーを大量に活用することにより、化石燃料輸入による資金の海外流出を減少させることができます。もちろん、省エネも再生可能エネルギー活用も、ともに設備の建設や整備等のため資金投入は必要ですが、その多くは国内で調達が可能で、資金がそのまま海外に流出することを大幅に制限することができます。

一方、原発の再稼働については、原発は運転段階ではCO_2をほとんど出さず、地域雇用にも役立っているから再稼働は必要という意見もあります。しかし、原発にはそれ以上に、「放射性廃棄物の処理問題」や安全性といった次世代にも関係する重大な課題が解決されないままに残されています。

もともと原子力の利用に当たっては、当初から放射性廃棄物問題がありました。現在の核分裂エネルギーを利用する形式の原子力発電所の運用では必ず放射性廃棄物が発生しますが、その最終処理について、結論のないままに、１９６３年以降、原子力開発が進められ、日本全国で、59基、５１１０万キロワットの原子力発電所が作られました。

放射性廃棄物の中で最も厄介なのは、使用済み核燃料を再処理してプルトニウムを取り出した後に残る高レベル放射性廃棄物です。日本は高レベル放射性廃棄物をガラス固化体にし、地下数百メートルの安定な地層に処分することを決めていますが、原発の再稼働に国民の半数以上が反対している中で、気の遠くなるような万年単位の管理が必要な高レベル廃棄物を受け入れる自治体が現れる保証はありません。また、原子力発電所の建設に当たっては、日本が世界有数の地震国であることを考慮して、原子炉は堅固な岩盤の上に建設することや、活断層直下は避けることなど厳重な規制が考慮されました。しかし、日本列島のほとんどの地域が世界有数の地震の多い環太平洋地震帯の上にあることや、冷却水を海水に依存せざるを得ないことから原発は沿海立地となっており、遠隔地で発生した地震による津波の影響も考慮せざるを得ません。そうした悪条件を考えると、日本列島のどこをとっても原子力設備の建設には疑問符がつけられます。

Column
コラム

【原子力発電所】

日本では、1945年敗戦により原子力研究が全面的に禁止されましたが、1952年講和条約発効後の1954年には「原子力の平和利用」が政策として取り上げられました。そして日本学術会議が「公開・民主・自主」の「平和利用三原則」を公表、1955年には原子力基本法が成立し、1963年には東海村に日本最初の動力試験炉により原子力発電が始まりました。それ以降、原子力発電所は、日本列島の沿岸部に数多く設置されていきました。

しかし、2011年3月11日の東日本大震災に伴う東京電力福島第一原発事故は、原因となった地震と津波の影響が当初設計時の予想を上回り、原子炉の制御系統など発電所機能は崩壊し、大量の放射能が放出され、周辺住民に取り返しのつかない被害を与えました。

福島第一原発事故は、いわば日本列島が地球の最も危険な地震帯の真上に存在することが宿命そのものであることを明白に示したと言えます。

原子力施設の安全性を考えるうえで、従来の安全に対する考え方を全く別の観点から見直さなければならないことを示唆しています。

当面の課題として、原発の再稼働が問題となっています。地震・津波について、短期的には安全性が容認できると想定される地域で当面の再稼働を認めるか否かは、原子力に関する多方面（地震を含む）の専門家と原子力施設の地元の意向を尊重することが重要です。しかし、中・長期的には日本では、原子力発電所は漸次廃止する方向に行くことが必然的と考え

重大事故を起こした福島第一原発
（東京電力提供）

ます。

もちろん、一方で、気候変動問題から地球規模で脱炭素化が叫ばれ、石炭、石油、ガスの輸入も今後避ける方向で考えなければなりません。これらのことを踏まえて、今後の日本のエネルギー、電力はもちろん、すべてのエネルギー原資を輸入に依存しない再生可能エネルギーを主とした方向に早急に転換する必要があるでしょう。

Q19 再生可能エネルギーはコストが高く、不安定で、エネルギー密度が低いので、使いにくいと言われますが、本当ですか？

A

現段階の日本ではその通りです。再エネの種類はいくつもあり、発電コストの「高い、安い」はエネルギー源の種類、規模、建設場所など様々な要因で決まるため、一概には言えません。しかし日本に先立って本格的に再生可能エネルギーを導入した欧米や中国などでは、急速に価格は低下しています。また、太陽光、風力発電などは、その日の天候次第によって不安定で、変動した出力と言われますが、それを克服する技術やシステムも備わりつつあります。

日本における再エネ発電コストは、ＥＵなどと比較して、現状では高価格です。そして、導入量も少なく、２０３０年のエネルギー資源別発電構成目標数値も22～24％と低く設定されており、憂慮すべき数値となっています。

しかし、世界では温室効果ガスの削減のために化石燃料から再エネへのシフトが急速に行われ、技術開発・導入量拡大・発電コスト低下が進んでいます。また２０００年頃より、「電力の固定価格買取制度（ＦＩＴ：Feed in Tariff）」などの包括的な政策により、太陽光発電はある程度、安価なものとなってきていますが、他の再エネは、世界に比べ、導入量が低いこと、技術が劣っていることから高止まりしています。

図に示す通り、世界の平均発電コストは、集光型太陽熱発電と洋上風力発電を除き、ほぼ10円／キロワット時前後です。2015年5月の資源エネルギー庁コスト等検証委員会によれば、日本の燃料別発電単価は、石油（30・6～43・4円）、天然ガス（13・8～15・0円）石炭（12・3円）ですから、これら化石燃料すべてと置き換えることができるわけです。

再エネが最も発電コストの安い選択肢となっているデンマーク、エジプト、メキシコ、ペルー、アラブ首長国連邦での最近の買電契約では、再エネによる電気は1キロワット時あたり5セント米ドル（約5・6円）以下で調達されています。これは各国での化石燃料や原子力の発電コストより充分に安い価格です。2018年9月12日に資源エネ庁が公表した資料では、ドイツの陸上風力の最新発電単価は、8・8円／キロワット時で発電事業者は補助金を必要としない段階となり、大きな選択肢となり得ることを示しています。

また、太陽光の強さ、気候などが日本とは異なりますが、最近アラブ首長国連邦で建設が始まっている大規模太陽光発電のコストは3円／キロワット時と言われています。他の数件の大規模太陽光発電も同じようなコストです。これに採用されている太陽光パネルは中国製で、建設コストが大変安いことも関係しています。日本のパネル、パワーコンディショナー、架台などはすべて高価格で太刀打ちできません。

日本で普及が進まない原因の一つに、こうした設備コストが高すぎることが挙げられますが、その背景には、原子力発電に対する手厚い助成と周辺地域への交付金、福島事故処理への多大な資金投入、高レベル放射性廃棄物の最終処理処分などへ資金が流れ、再エネ技術やその普及への支援資金が少な

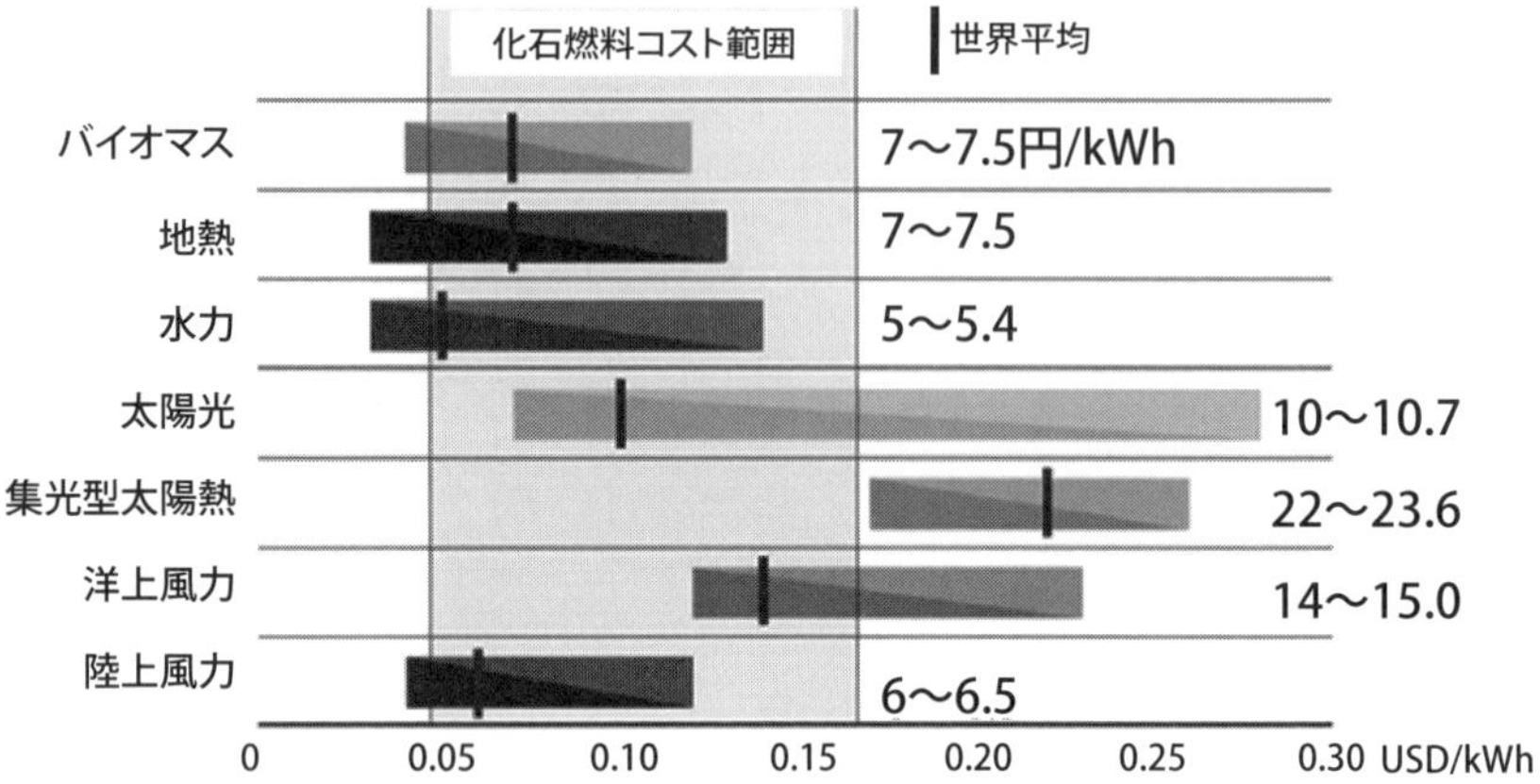

世界の再生可能エネルギー発電コスト（2017年）
出典：IRENA

いことがあります。

一方、「再エネは、天候次第で発電量が変動し、不安定電源で使いにくい」と言われているのは確かです。しかし近年は、技術開発、電気事業システム、社会システムなどの開発、電力運用の改善など様々な手段を講じて、再エネ電源もようやく日本の主要電源、主力電源へと昇格しつつあります。

具体的には、系統連系の改善強化、系統自体のスマート化、経済的運用、更なる技術開発などにより欠点を克服しています。また、蓄電設備の併設、電気自動車のバッテリー活用、スマートメーター（データの見える化）による電力制御や取引利用、スマートグリッドなど日々進化しています。

また、日本とは電力事情が異なりますが、瞬間的に全電力需要の80～１００％以上を再エネで発電する国もあります。例えば、２０１６年には需要に対する再エネ比率のピークがデンマークは１４０％、アイスランド１００％（水力70％、地熱30％）、ドイツ８６・３％で、電力の運用を工夫しながら稼働しています。これには系統の運用（送電網と配電網を相互連携・統合し需給バランスさせるデマンドレスポンス)、電力と交通ネットワーク統合、電力貯蔵設備技術の進歩や貯蔵量増大なども寄与していると考えられます。

ただし、太陽光や風力などの各種再エネ利用は、化石燃料とは異なり、電源が無料で入手できますが、周辺の住環境、特に景観や安全性とともに自然への十分な配慮が必要です。木質バイオマスの場合は、木材の搬出のために自然を大きく傷つける恐れもあり、十分な科学的計画に基づいて材木の伐り出しと造林を行う必要があります。自然界との調和が大切です。

Q20

日本で再生可能エネルギーの普及が進まない原因は何ですか?

A

Q19で挙げたコスト高のほかに、規制が多すぎる、既存の電力系統に接続させないなどの問題があります。その背景には、再生可能エネルギーの特性に対する理解不足や原発の存続、エネルギーの経済性や温暖化問題などに対する考え方や立場が、国民、経済界、省庁、そして政治家の間でも異なり、再生可能エネルギーを進めるという明確な方針が日本として定まっていないことが大きな原因と考えられます。

直接的な理由は、戦後の日本で長いこと続いた東京電力、関西電力といった地域独占の大手電力体制において、発電から送配電まですべてを一社で賄い、それに要する経費は一定の利益を含めてすべてを電気料金に転嫁することが法的に許されてきた旧体制にあります。その体制下では、再エネは、地域分散型で、発電量も少量で、不安定な電源であり、それを伸ばすインセンティブが政府の政策担当部局にも大手電力会社にも乏しかったことが考えられます。

こうした状況は、半永久的に続くかと思われていましたが、東日本大震災と同時に発生した福島第一原発事故により、大電力体制の一角が崩れました。そして、2012年からはFIT制度が導入され、加えて、2016年4月からは電力小売りの全面自由化も始まり、政策担当部局も電力会社も再

岩手県宮古市の三陸鉄道田老駅前に
設置された太陽光発電所

エネに正面から取り組まざる得なくなりました。

しかし、このような経過をたどったこともあり、再エネに対する旧体制側の姿勢は、いまだに消極的です。そのことは、大手電力会社による再エネ電力の接続制限ないしは拒否現象にも端的に表れています。また政府も、2018年7月に決定した「第5次エネルギー基本計画」に盛り込まれた2030年時点における再エネ導入目標は、全発電量の22～24％の低位にとどまっています。この目標はパリ協定以前の4年前に安倍内閣が決めた数値のままであり、国内外の専門家は、この状況を国際社会からの「周回遅れ」と厳しく批判しています。

このような状況を招いた根源的な理由はどこにあるかと言えば、短期的経済性のみを重視し、「今だけ」「自分だけ」良ければ良いと言う経済最優先の考え方をする人たちが、いまだに、政治家や財界など日本経済の中枢に居続けていること、そしてその人たちの危機感のなさ、すなわち、地球環境の現状や世界状況などを俯瞰し、大局的見地から物事を考える能力に欠けているためと考えられます。加えて、国民の無関心さや危機感のなさも問題です。

Q21 日本でも再生可能エネルギーを推進するための有効な施策は何ですか?

A **再生可能エネルギーの利活用を強力に進めるための施策を早急に導入するとともに、カーボンプライシングの導入(Q8参照)など、化石燃料の利用を制限する施策などを総合的に講じることです。**

第一に、再エネを進めるための政策を策定し実施することです。具体的には、再エネ創出技術開発による低コスト化を早期に実現できる施策、蓄電池の大型化と低コスト化、EVの大幅採用、太陽光パネルの新築建物への積載義務付け、徹底した省エネ、断熱材の基準策定、上下水道施設での落差水利用発電の実施、廃棄物発電の義務化などの強力な施策が必要です。

その一方で、送配電系統の見直しや増強も必要です。

電力は、需要と供給が常時対応していることが必要です。現在、よく利用されている再エネの中で、太陽光、風力などは、昼夜・天候の別、風の強弱によって供給出力が変化します。また地産地消を目標に開発された再エネは、地域的な特色があり、需要への即時対応、災害などの非常時対応には、常時補完的なエネルギーとの連系が必要です。すなわち、貯水池・調整池をもつ水力発電、地熱発電、これから技術が進む可能性の高い蓄電池などと連系していることが必要です。また風力については風況の異なる地域との連系(ドイツの例)も効果的です。

電源の再エネ化が期待されている今日、まず、現在の送電系統の利用状況をチェックし「空き」があるか否かを調べ、活用することが前提です。送電線の「空き容量」は、事故時も想定して算定されます。送電容量は、電力量だけでなく、電圧、周波数の変動が需要に危険な影響を与えないかなど慎重に配慮して決めることが必要です。

これらを配慮した上で、従来の「線」系統構成を改善して、電源の再エネ化を最大限許容できる「面」系統構成の充実と運用のスマート化を進める必要があり、それは技術的に可能です。

また、利便性の高い電気にのみ目が行きますが、これは政策的に偏りがあり、国民も考えを改める必要があります。なぜなら、私たちが消費するエネルギーの約6割が熱利用で、電気は約4割弱だからです。この状況を改善するには、再生可能エネルギーをもっと熱利用に向かわせるような政策が必要です。それには断熱材の大幅なコスト低減とその利用、太陽熱、バイオガス、木質バイオマスなどを活用する温水器やストーブ、ボイラーなどの熱変換効率向上が必要であり、それらが脱炭素社会の構築に寄与します。特に、日本は森林面積率67％、木材蓄積量約55億ｔと膨大なエネルギー源があり、いかに安価に材を山から切り出し、活用するかがポイントです。これが、地方の産業振興と雇用、温暖化対策、地域でのお金の循環を含めた循環型社会形成にも大きく寄与するのです。

いずれにしても、再エネの活用は、エネルギー資源に乏しい日本にとって、広義の「地産地消」対策としても有効であり期待されます。

なお、我が国のＦＩＴ法は、現状のシステム、送配電容量を前提としており、再エネに対して、無補償抑制を条件とするなど課題が多いことから、早急の改定が必要です。

日本が地球温暖化対策、再エネ利用で欧米等の先進国に後れを取っている原因の一つに、送配電系統（グリッド）の技術的開発と、これを牽引すべき法整備が遅れていることが挙げられます。いわゆる電力の自由化の一環として、これらの条件を整え、その結果として再エネ導入を可能とする送配電系統の整備と、スマートな運用が望まれます。

また、国民自らが意識を変えていくことも不可欠です。

毎日のように異常気象や再エネに関する情報が報じられています。まず、自分の暮らしとのつながりを見つけ個人としてどのような行動ができるか、地域では何ができるか、暮らしている地域ではどのようなことが行われているか、日本や世界はどのような状況かなど、広く見渡し、自分でできることを考え、提案し、行動を起こすことが大切です。

また、NPO活動などに参加し、政府や自治体のほか地方議員を含め政治家などに意見書、政策へのパブリックコメントを出すことから始めることもできます。

エネルギー問題は、環境問題、地球温暖化問題であり、エネルギーは暮らし、生業のすべてに関与した基礎・土台です。再エネ全般にわたる振興策を早期に作り上げ、脱化石燃料化を図る一点集中突破政策が、環境、経済の同時解決に繋がります。地域特性にあわせた、独自性を持たせた再エネ導入政策を作ることが大切です。

日本には、世界の国々より恵まれた類まれな森林があり、太陽の恵みも多く、しかも海洋に取り囲まれている国です。100%再エネでエネルギーを賄える国です。

世界に向け、2050年に再エネで自立を宣言し、原発をできるだけ早期に廃止し、石炭火力と原発関連への助成金は即刻廃止（廃炉・高レベル放射性廃棄物の最終処分関連は除く）し、再エネ関連へ振替投資をすることが重要です。

Q22

再生可能エネルギーはドイツが模範（全電力の約38％）と言われますが、本当ですか？

A

ドイツだけが模範とは言えません。北欧の国々はもとより、中国なども再エネを強力に進めています。

ＩＥＡの２０１７年の35カ国調査レポートによると、全世界で再エネによる電源が約60％以上の国は、アイスランド、ノルウェー、ブラジル、デンマーク、スイス、カナダ、スウェーデンの７カ国です。ただし、これらの国はデンマーク（風力発電が圧倒的に多く、再エネ比率は約68％）を除き、水力がかなりの部分を占めています。

再エネ比率が30％以上の国は13カ国を超え、世界ではますます再エネ導入が進むと考えられますが、ドイツが模範国の一つであることは確かです。

日本では、ドイツのＦＩＴが失敗したという話も聞きますが、それは正しいとは言えません。ドイツは２０００年にＦＩＴをいち早く導入し、精力的に水力、風力や太陽光など、どれかに偏ることなく、多面的な再エネ導入を政策的に促進してきた国として世界の注目を集めてきました。日中で再エネ電源が40～60％も占める時間帯もあり、温暖化対策に寄与していることから、失敗とはとても言えません。「ドイツのＦＩＴは失敗」と言われるのは、日本における電力を巡る様々な利害関係が錯綜した中で、日本での再エネ導入反対派による意図的、主観的な批判と思われます。

ドイツでは、中立的に冷静に捉えられていますが、2010年に太陽光発電の設備費が大幅に低下したことにより導入が急増した結果、電力料金も負担増となりました。しかし、賦課金が増えてもドイツ経済は順調で、温暖化対策でも世界をリードしており、「経済と環境の両輪が成立」した状態(デカップリング)を達成しています。

ドイツのメルケル政権は、2018年3月、社会民主党と新たな連立政権をスタートさせましたが、再エネについては、2030年目標を50%から65%に引き上げ、石炭については、2018年末までに「脱炭素アクションプラン」を策定することなどを表明しています。

ドイツでは、再エネ導入政策により電力料金が一時的に高くなったことは事実ですが、国民からは大きな不満の声はあまり上がらず、再エネ導入反対の声も上がっていません。それは、国民が原子力災害と地球温暖化を憂い、温室効果ガスを削減することは義務と考えているからと言えます。最近は、再エネ発電単価も大幅に下がり始め、入札制度も導入され、再エネ賦課金はこの5年間で微増かつ安定、2014年以降は価格上昇が抑えられる傾向にあります。産業用は家庭用と比較して政策的に4割ほど低く抑えられています。

2017年のドイツの電力消費量のうち、再エネは33・1%ですが、その構成は、風力(陸上)13・3%、風力(海洋)2・8%、バイオマス7・9%、太陽光6・1%、水力3・0%となっており、多様な再エネの比率が高いことが注目されます。この結果、発電量に占める再エネの割合は45・2%、水力を除くと43%にもなります(2018年3月20日12時時点)。2017年6月7日は、再エネ比率57・4%という記録を残しています。

また、35カ国の再エネ平均電源構成比率は約24%です。再エネ比率に水力を含まない国で平均を超える国は、英国、ドイツ、イタリア、スペイン、デンマークの5カ国です。日本は水力7・5%、再エネ７・８％の合計で15・３％と大変低い数値です。

ＦＩＴを導入した国はどこでも電力料金は高くなっています。ＦＩＴ導入の目的は、エネルギー自給率の向上、地球温暖化対策、産業育成、地方振興を図るとともに、コストダウンや技術開発によって、再エネがエネルギー供給を支える存在となることです。

ドイツでも、再エネのさらなる拡大に対しては、系統強化、蓄電導入、スマートグリッド導入などが課題となり、電力システムのさらなる改革が求められています。しかし、それでもドイツで普及が進んだのは、国民が「地球温暖化の防止、チェルノブイリ原発と東電福島第一原発事故のような原発大災害を避ける」と言う二つの強い思いがあったことによるものです。加えて、化石燃料は有限な地下資源であるのに対して、再エネ資源は無尽蔵な地上資源であることを国民は良く認識しており、将来世代へ負の遺産を残さない覚悟があったことが、高い賦課金でもやむを得ないとの受け止めにつながったようです。

再エネというと、私たちはすぐにドイツやデンマークなどを思い浮かべがちですが、中国も、水力発電に加え、風力発電や太陽光発電を量的には猛烈な勢いで伸ばしていることに留意すべきです。

中国には、豊富な石炭資源があり、最近はモータリゼーションが急速に進行していることにより、北京をはじめとする大都市では、特に冬場の大気汚染が深刻で、健康被害が問題になっています。そうしたことも影響して、広大な土地を利用した再生可能エネルギーの利活用には目を見張るものがあります。環境エネルギー政策研究所によると、水力、風力、太陽光などを合わせると、２０１６年の年間導入量が７０００万キロワットを超え、設備投資額も世界全体の約３割、雇用数は約３６０万人と、日本（約31万人）の10倍以上に達しています。そして２０１７年には太陽光と風力だけで７０００万キロワットを超えました。このように、現在の中国は量においては断トツの世界一となっています。Ｑ４のコラムでジャーマンウォッチ主体による各国の政策パフォーマンスのランキングを紹介していますが、ここで日本が46位であるのに対し、中国は30位とかなり上位にあります。このことに日本では納得いかない方も多いかもしれませんが、中国が水力以外の再生可能エネルギーの利活用に国を挙げて猛烈に取り組んでいる政策が反映しています。

Q23

ヨーロッパでは送電線が国境を越えて張り巡らされており、他国からも電気が融通しあえるそうですが、日本はなぜそうしたシステムができないのですか？

A

基本的には、日本が大陸から離れた島国であるという地理的条件がヨーロッパと異なっており、それに加え、地域独占の電力供給体制にも問題がありました。今後は再生可能エネルギーを優先する政策や系統網の充実により、国内でも再生可能エネルギーだけで賄うことは可能です。

ヨーロッパでは、ロシアからフランス、スペインに至る広大な平原があり、需要地と主要電源が面的に共存する中で、各国が各々の電力エネルギーの供給力と需要を持っていますが、土地がつながり平坦な地形が多いため、供給電力を送電線でグリッド状に連系し、「他国の需要・供給」に対応することは比較的容易です。しかし、一方で、ある国の電力事故が送電系統で繋がった他の国に影響を与える危険性もあります。英国のような島国と、北欧、中欧の間にバルト海や北海が存在しますが、この間には海底直流送電線を通じて電力を融通しあっています。

一方日本は、全体が細長い上に多数の離島で構成される島国で、このうち、北海道、本州、四国、九州、沖縄本島を除くと約420の有人離島があります。また本土や離島も約7割が山地・森林でおおわれるなどヨーロッパとは地形、地勢が大きく異なります。

沖縄を除く本土では、かつて電力の80％が水力で供給されており、電力需要と水力発電所をつなぐために、長距離送電「線」が一般的でした。１９５１年、発・送変・配電一貫の地域別9電力体制となった後、１９６1年、北地域、東地域（東京・東北・電発）、中地域（中部・北陸・電発）、西地域（関西・中国・四国・九州・電発）の地域別広域運営体制の強化により、高圧送変電系統の地域別一体化が進められ、１９６８年の北・東の統合によりさらに系統統合が進められましたが、東・中の間には周波数が異なるという（50～60）課題も残りました。その後も周波数変換装置の強化、拡充、地域内電源の2周波数電源建設等により、改善の努力が進められ、既に、北海道―青森、中国―四国、中国―九州間は直流送電線により連系されています。

このように、日本国内ではヨーロッパのような送電「網」連系とは基本的な「かたち」の違いがありました。

今後国内で再エネを有効に活用するには、地形や気象などの土地の自然特性に応じて、「地産地消」を目標とした再エネ開発を進めることが大事ですが、同時に、その有効活用・安定的なエネルギー確保のために、従来の「線」的な送配電連系から、「面」的なヨーロッパ型のグリッド型送配電連系に替えることが急務です。

Q 24

地球温暖化／気候変動に関する科学はどの程度進んでいますか？

A

科学は気候変動のメカニズムを100％解明したわけではありませんが、IPCC（気候変動に関する政府間パネル）等を通じて科学は気候変動の不確実性を低減させています。その結果、第1次評価報告書では「人為起源の温室効果ガスは気候変化を生じさせる恐れがある」としていましたが、第2次～第4次評価報告書では人為的影響の可能性についての指摘が徐々に高まり、第5次評価報告書では、「温暖化は疑う余地がない。20世紀半ば以降の温暖化の主要な要因は、人間の影響の可能性が極めて高い（95％以上）」と報告しています。

気候変動問題は、人間社会から排出される温室効果ガスが大気中に蓄積し、気候システムが崩れることで生じる問題です。また、太陽活動の変化、火山による影響など、自然の影響も考慮する必要があります。IPCCは、気候変動に関する最新の科学的知見の評価（科学的アセスメント）を行うことを目的として、世界気象機関（WMO）と国連環境計画（UNEP）の協力の下に、1988年に組織された国際機関で、3つの作業部会から成り立っています（P16参照）。

気候変動の原因について、第1次評価報告書では「人為起源の温室効果ガスは気候変化を生じさせる恐れがある」、第2次評価報告書では「識別可能な人為的影響が全球の気候に現れている」、第3

次評価報告書では「最近50年間に観測された温暖化のほとんどが人為的活動によるものであるという、新たな、より強力な証拠がある。過去50年間に観測された温暖化の大部分は、温室効果ガス濃度の増加によるものであった可能性が高い」とそれぞれ気候変動の可能性について評価してきました。

２００７年に報告された第４次評価報告書では「気候システムの温暖化には疑う余地がない」とし「20世紀半ば以降に観測された世界平均気温の上昇のほとんどは、人為起源の温室効果ガスの増加によってもたらされた可能性が非常に高い」とし、さらに、２０１３年に報告されたＩＰＣＣ第1作業部会の第５次評価報告書では「温暖化は疑う余地がない。20世紀半ば以降の温暖化の主要な要因は、人間の影響の可能性が極めて高い（95％以上）」としています。

また、第1作業部会では、大気海洋大循環モデルと呼ばれる大規模なコンピューターモデルを通じて、過去の気候変動を再現する実験を行うとともに、将来の気候についてのシミュレーションも行われ、将来の温室効果ガスの排出に対する気候変動（気温上昇や降水量の変化等）の分析が行われています。

我々人類は、気候変動に関する様々な変化や影響をすべて解明したわけではありません。例えば、２０００年以降の地球全体の気温上昇は、大気海洋大循環モデルの結果ほどは上昇せず、ハイエイタスと呼ばれています。しかしながら、こうした現象も科学的な解明が進み、太平洋における大気と海洋の循環が、２０００年以降の十数年間は「自然のゆらぎ」の影響で特徴的な状態になっていることが主な原因であることが突き止められるようになりました。このように、これまでの知見で説明できない現象が現れると、その解明に向けて科学的知見が更に深められ、気候システムに関する科学が発達してきました。

こうした科学的な知見を更に深めるためには、気温や温室効果ガスの濃度など地球の現状を観測することが必要となります。こうした観測については、近年は、地上観測の他に、航空機や船舶を使った観測や、衛星を使った観測も行われています。こうした客観的なデータをもとにして、更に精度を上げた気候変動についての分析、予測が可能となります。一方で、どれだけ科学的な知見が進んでも、気候変動の不確実性を１００％なくすことはできません。科学的に１００％わかってから気候変動対策を検討するというのではなく、現在の最新の科学的な知見からどのような取り組みが最も有効かを検討することが重要となります。

Q25 世界各地の深海底などに存在するメタンハイドレートは貴重な資源なのですか。それとも温暖化の脅威ですか？

A 海底にあるメタンハイドレートは資源として魅力的ですが、どうやら温暖化にとって危険な存在と考えた方がよさそうです。

ハイドレートは日本語では水和物と訳すことができます。つまりメタンハイドレートはメタン水和物ということになります。石油や石炭と並ぶ化石燃料である天然ガスの主成分のメタン分子が、低温かつ高圧のもとで水分子に囲まれたシャーベット状の氷の化合物(固体)となったのがメタンハドレートです。火をつけると燃えるため「燃える氷」とも呼ばれます。世界各地の５００㍍よりも深い深海底や、シベリア、カナダ、アラスカを含め北半球高緯度地帯にある広大な永久凍土の地下数百㍍のところに主に存在します。

メタンはエネルギー資源として貴重であるだけでなく、石油や石炭に比べて燃焼時のCO_2排出量が少ないため、地球温暖化対策としても優れています。一方で1分子当たりの温室効果はCO_2の20倍以上もあり、燃焼せずに漏れ出したりすると地球温暖化を促進する不気味な存在です。メタンハイドレートについてはこの両面性を考えなければなりません。

海底のメタンハイドレートは、深海のバクテリアによって持続的に生産されるメタンや有機物の分解で生じる生物起源のメタンが海底に沈殿し凍結したもので、深海の高圧下で安定しています。北米、中米の両岸、日本の四国沖、静岡県御前崎沖など南海トラフ（小さな海溝）沿い、日本海など世界各地の深海底に炭素換算で合計5000億～10兆トンのメタンハイドレートが存在すると推計され、天然ガス（メタン）資源として見逃せない量です。

日本でも次世代のエネルギー源として期待され、「国内のメタンガス消費量の100年分もある」などと宣伝されています。政府が音頭を取って1990年代から太平洋でメタンハイドレートの調査や試掘が行われ、2014～17年には石油天然ガス・金属鉱物資源機構が愛知県沖で産出試験を実施しました。

しかし、メタンハイドレートは海底下に集中して存在するのではなく、薄く分布し、固体のため掘削しても自然に噴出しないなど問題を抱えています。またメタンハイドレートの掘削時にメタンガスの暴発や大量のメタンガス噴出に警戒しなければならないという問題もあります。

このためメタンハイドレートの開発が経済的に成り立つかどうかは不明です。「シェールガスも最初は資源化できるとは考えられなかったが、それでも米国ではシェールガス革命が起こった」という声もあります。しかし、これまで実施された掘削からは商業化につながる見通しは得られず、「資源としての可能性はほとんどない」という厳しい見方も出ています。実用化を目指すとしても、今後の研究開発には莫大な費用がかかります。世界的にもカナダ北西部やバイカル湖などで産出試験や試掘が行われていますが、目覚ましい成果は上がっていません。

そして気になるのが、温暖化で地温や水温が上昇すると、メタンハイドレートが不安定化して突如として温室効果の高いメタンを解き放つ傾向があることです。破局的なメタン放出が気温上昇の引き金になり得ると考えられるようになっており、地球の最終氷期が終わりを迎えた1万5000年前以降に短期間に気温が急上昇したのもメタン放出が原因という説が登場しています。

このように、残念ながら海底のメタンハイドレートは長期的に見て温暖化の脅威、あるいは地球の気候にとって時限爆弾と考えた方が妥当でしょう。

Column
コラム

【永久凍土に存在するメタンハイドレート】

メタンハイドレートはロシアや北米大陸の高緯度地帯にある永久凍土にも含まれています。場所によっては厚さが数百㍍もある永久凍土は、埋もれた植物が元になったメタンハイドレートと大量のCO_2を含むいわば「炭素の貯蔵庫」です。その量は炭素換算で、75億～4000億㌧、1兆5000億㌧といった推計が出ています。西シベリアの沼沢地だけでもメタンハイドレートが700億㌧という推計もあります。エネルギー資源として無視できませんが、こちらは量的な制約があるなど海底のメタンハイドレート以上に採掘の実用化は難しいと考えられます。

仮に、1兆5000億㌧の推計が正しい場合、大気中に存在する炭素量の2倍もあり、永久凍土の10％が解けただけでも大気中CO_2の80ppm（ppmは100万分の1の単位）増加に相当します。温暖化によって永久凍土の質は落ちてきており、シベリア全体で大気中に放出されるメタンは毎年10万㌧に達するという推計も出ています。

西シベリア・ヤマル地方のツンドラ（凍土帯）で2014年に直径約37㍍、深さ約75㍍の穴など巨大な穴が4個発見され、研究者の間では「永久凍土が解け、メタンガスの圧力が地中で高まって爆発した」という説が有力になっています（朝日新聞2015年7月19日付朝刊）。一方で最近の大気中のメタン濃度の増加は収まってきており、永久凍土の融解が加速してきたとは考えられないという見方もあります。

いずれにしろ温暖化が進めば、永久凍土から大量のメタンが放出され、それが温暖化を加速するという悪循環に陥るわけですから、永久凍土の監視は怠れません。国連環境計画（UNEP）は2012年の報告書で、現在から2100年までに世界の平均気温が3℃上昇すれば北極では倍の6℃上がり、地表付近の永久凍土の30～85％が失われる可能性があると指摘しています。陸から海にまで拡大した北極海海底の永久凍土をめぐっても、そのメタンハイドレートからメタン放出の心配があります。

ツンドラの南に位置し、同様に永久凍土が広く分布するタイガ（針葉樹林帯）では、樹木が気温上昇の緩衝地帯としての役割を果たしますが、温暖化と乾燥化が重なって森林火災が多発しています。そのために地表面の温度が上昇し、永久凍土を融解させる事態も起きています。

温暖化が起こる場合、温暖化を抑えるように働く負のフィードバック効果と、逆に温暖化を加速して気候の暴走につながりかねない正のフィードバック効果の両方が知られています。温暖化による海底や永久凍土のメタンハイドレートからのメタン放出は典型的な正のフィードバック効果です。メタンは大気中の酸素と反応してCO_2と水になるため、大量のメタン放出によって大気中の酸素濃度が下がり、動物の生命維持に影響を与えかねないという問題もあります。

Q26

間伐をしないで森林を放置するとCO_2が増加すると言われますが、本当ですか？　それを防止する方法を教えてください。

A

本当です。森林の間伐をしないと光を十分取り込めないのでCO_2吸収が進まず、呼吸によるCO_2放出の方が多くなってしまいます。その防止法は間伐など森林管理を地道に実施することです。

樹木など植物は、太陽光のエネルギーでCO_2と水から炭水化物（糖類）を合成し、その過程で出る酸素を放出しています。この光合成で樹木は成長しますが、私たち人間と同様に樹木は生きていくために呼吸もしています。

昼間は光合成が盛んに行われ、吸収するCO_2の量は呼吸で出るCO_2量より多いので、差し引きCO_2を吸収していることになります。ところが夜は、呼吸だけとなってCO_2を排出します。成長期の若い樹木は光合成によってCO_2をどんどん吸収し、地面から栄養分を十分取って大きくなりますが、光が不足すると夜のような状態になり、CO_2の吸収能力は低下します。樹木は高齢になると成長が止まり、CO_2吸収力も衰えます。

多くの樹木が密生している森林で樹木をよりよく生育させるには、この光合成をいかに活発化させるかが課題になり、このため間伐を適正に行うことが非常に重要です。

森林によるCO_2吸収は、世界が取り組むCO_2削減策の一つとして1997年に採択された京都議定書で正式に取り上げられました。ただ森林のCO_2吸収すべてを削減分として活用できるわけではありません。新しい植林（新規植林）、元森林であったところへの植林（再植林）に加えて、適切な状態に保つために人為的に整備している森林（森林経営）、つまり間伐などを適切に行っている森林がこの削減策の対象になります。このように森林の間伐は、地球温暖化緩和のためのCO_2削減策としても非常に重要な活動です。

また、森林の間伐をしないと次のような問題が起こります。

・太陽の光が下まで入らないため、樹木の光合成が制限される。

・樹木の栄養分となる下草が生えず、また土壌の水を貯める機能も低く、雨などで土壌が流出しやすくなる。

・間伐によって落とされる枝葉が少ないと、森林内の栄養分もさらに少なくなる。

・間伐せずに樹木の伐採を行うと、樹木の病虫害が起こりやすい。

この結果、線香林、もやし林と言われる細く曲がった樹木となり、木材としての価値も低くなります。さらに枯れ木、倒木、流木の原因ともなります。

今世界では、森林そのものの消失が大問題となっています。森林が存在していてもその機能を適切に保たせるには、森林保全をいかに行うかが課題です。森林の保全には「植林」「樹木の手入れ」、そして「時期を得た伐採」により世代交代を適切に行うことが必要です。

「伐採」については山に作業道をめぐらせ、間伐などの整備を行い、ある基準で計画的に適量の伐採を行う択伐によって、一定量の木材を確保し、さらに製材加工などで付加価値を高めて林業全体を強化することが欠かせません。こうすることにより、森林の適正な世代交代を促し、CO_2吸収機能のほか、生物保全、土砂災害防止、水源涵養、快適環境形成などの森林の多機能が発揮されることになります。

Column
コラム

【急速に衰退した日本の林業】

日本は南北３０００キロメートルの亜寒帯から亜熱帯にかかる長大な島国で、湿潤な気候によって現在、国土の67％、25万平方キロメートルが森に覆われ、森林面積率は世界有数です。量的には豊かな森林ですが、そのうちの約４割が人工林です。しかも樹齢50年以上の樹木が35％を超え、整備されないままの荒れた高齢森林が目立っています。なぜこのような状態になったのでしょうか。

日本は第２次大戦中に軍事物資として大量の木材を必要としたため、森林が乱伐され、１９４０年代に森林は大きく荒廃してしまいました。この状況を打開しようと１９５０年代から全国植樹祭、緑の募金運動などに取り組みました。一方で戦後経済の復興に伴い木材需要も大幅に増大し、木材需給はひっ迫するようになりました。

そこで旺盛な木材需要に応えようと成長の早い針葉樹栽培による拡大造林政策が取られた結果、針葉樹の人工林が飛躍的に拡大し、40年で5倍となりました。その影響で全国的にスギの花粉症被害をもたらすことにもなったのです。

需給ひっ迫に対応し、造林政策と並んで木材輸入も進められ、１９６２年には輸入が完全自由化されました。ところが１９７０年代に入ると木材需要は頭打ちになり、円高も進んで輸入価格が低下し、国内の木材価格が長期的に低迷しました。

このような中で、日本の林業は林内路網整備、機械化、事業の集約化といった近代化に後

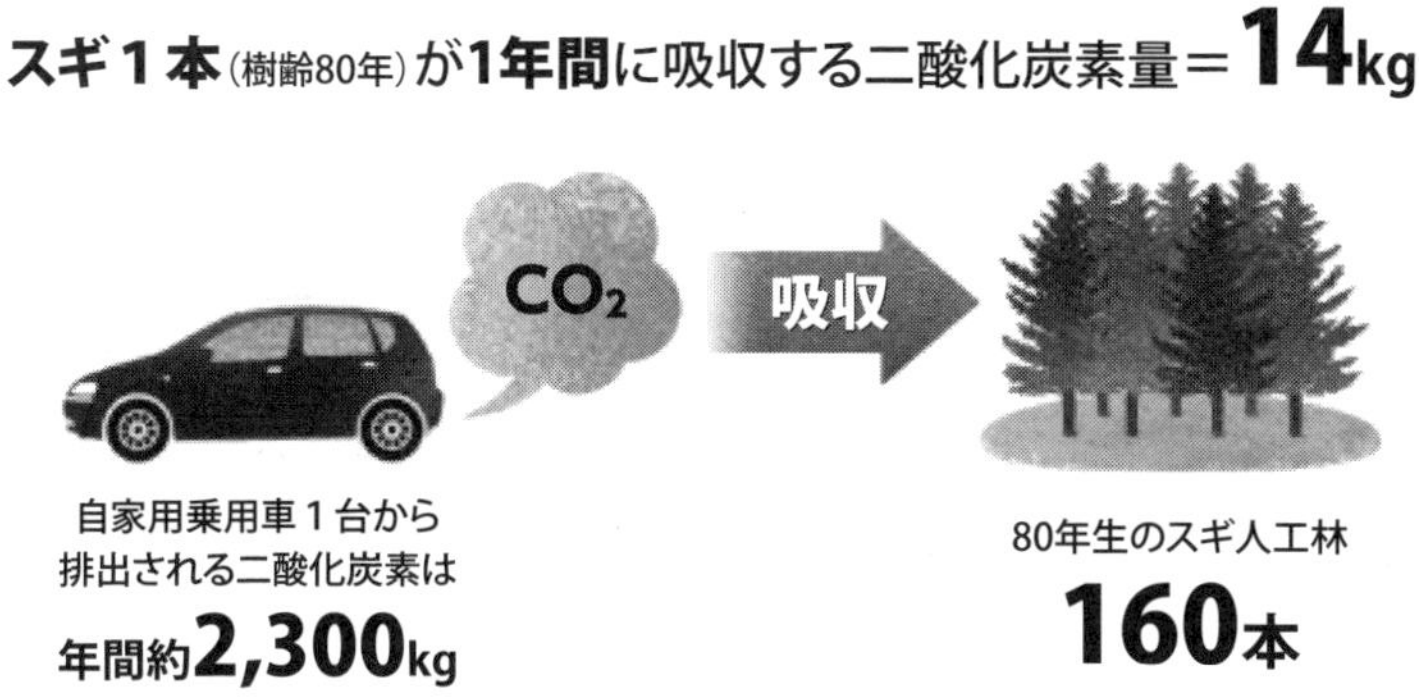
スギ1本(樹齢80年)が1年間に吸収する二酸化炭素量＝14kg
CO_2
吸収
自家用乗用車1台から
排出される二酸化炭素は
年間約2,300kg
80年生のスギ人工林
160本

出典：林野庁「身近な二酸化炭素排出量と森林（スギ人工林）の二酸化炭素吸収量」

©私の森.jp

れを取って急速に衰退し、木材の自給率は一時20％を割るまでに落ち込みました。さらに林業従事者の減少がこれに拍車をかけています。事態打開のため森林資源の有効活用、林業者の支援などの法改正を行って、自給率も少しずつ回復しつつありますが、いまだ30％に満たない状況です。こうして日本の森林の多くは間伐などの整備もされないまま高齢森林となってしまいました。

しかし、近年、森林の機能に対する見方が変わってきました。森林のCO_2吸収による温暖化緩和機能のほか、前述のような多機能が注目されるようになり、林業の回復とともに森林の整備保全への要請が高まっています。

それを受けて「森林の間伐等の実施の促進に関する特別措置法」（２００８年施行）など幾つかの政策も実施されましたが、まだまだ不十分なことから、その財源として森林環境税の活用が期待されています。

Q27 地球温暖化では集中豪雨や竜巻、山火事が起きやすく、また一方では局部的な大寒波が起こるというのは本当ですか？

A 個々の気象災害の原因が温暖化であると、直接結びつけることは、いまの段階ではできませんが、その背景に温暖化が影響している可能性が高いと考えられます。

２０１８年7月に西日本を襲った豪雨は猛烈で、6日から8日にかけて気象庁は福岡、広島、岡山、京都、愛媛など11府県で大雨特別警報を発表しました。この警報は数十年に一度の降雨量により重大な災害が起きる恐れが高まった時に出すもので、２０１３年に運用が開始されました。今回のように極めて広範囲に大雨特別警報が出るのは初めてで、死者・行方不明者は２３０人を超え、平成に入って最大の豪雨災害となりました。

２０１７年には九州北部豪雨で40人の死者・行方不明者を出し、２０１５年9月には関東・東北豪雨による鬼怒川の決壊で茨城県常総市などが大きな被害を受けました。たたきつけるような雨が長時間降って土砂災害や河川の氾濫をもたらす集中豪雨が日本全国で頻発しています。

集中豪雨は発達した積乱雲がもたらします。地表付近の空気が暖められて上昇し、上空の冷たい空気とぶつかり合って積乱雲が発生します。積乱雲は垂直方向に発達するため局地的に激しい雨を降らせます。空気中の水蒸気が凝結して雲になりますが、温暖化で気温が上がると水蒸気量が増え、強い降水が起こりやすくなると考えられます。「線状降水帯」という言葉が最近よく使われますが、これは、発達した複数の積乱雲が同一カ所に停滞したものを言い、豪雨をもたらします。

竜巻の発生にも積乱雲が関係しています。積乱雲に伴う強い上昇気流によって発生する激しい渦巻きが竜巻で、積乱雲から吹き降ろす下降気流が地表に衝突して激しい空気の流れになります。日本では近年竜巻の発生も目立ち、２００６年11月には北海道佐呂間町で発生した竜巻で９人の死者が出たほか、２０１２年５月には茨城県つくば市で発生した竜巻で中学生１人が亡くなりました。２０１８年の西日本豪雨直前の６月29日には滋賀県米原市で竜巻が発生しました。

こうした一つひとつの集中豪雨、竜巻が直接温暖化によるものと断定はできませんが、温暖化の進行で集中豪雨や竜巻による被害は増えていく傾向にあると考えられます。

また、大規模な山火事は米カリフォルニア州で毎年のように発生し、２０１８年11月に同州の北部と南部で発生した山火事は、同州史上最悪の被害を出しました。山火事の直接的な原因として、たき火やタバコの不始末、放火や焼き畑農業での不注意などが挙げられますが、山火事のリスクを高める要因として、温暖化による気温上昇と、暖かい空気が樹木や地面を乾燥させることが考えられます。気温の上昇で大発生した昆虫のキクイムシが木々の水分を吸うため、樹木がスカスカに枯れて山火事を拡大させるという見方もあります。山火事は樹木が蓄えたCO_2を放出し、温暖化を促進させるというやっかいな面もあります。

そして、局部的な大寒波については、簡単に答えることはなかなか難しいテーマです。いまも研究が続けられ、温暖化が進むことによって北半球で局部的な大寒波が増える可能性も指摘されています。

日本が位置する東アジアをはじめ、北米、ヨーロッパなど北半球の各地が、冬に第一級の寒波や記録的な大雪に見舞われることが最近多くなり、米国では「スノージラ」という言葉も登場しました。

九州北部豪雨で被害を受けた民家
（福岡県朝倉市で）

日本の2017〜18年にかけての冬も所によって厳しい寒さとなりました。「温暖化なのになぜ?」と疑問に思った人は多かったでしょう。米国北東部も2018年1月初めに冷え込み、発達した低気圧に伴う大雪や強風に見舞われ、ニューヨーク州は非常事態宣言を出しました。大寒波が襲うとトランプ米大統領は「温暖化が起きていないことを示す明白な証拠」とツイートすることがあるようです。

地球温暖化は、夏はもっと暑く、冬は暖かくなるという単純なものではありません。地球全体の平均気温が均等に何度か上がるわけではなく、平均気温の上昇によって従来の気候バランスが崩れ、これまでなかったような異常気象や極端現象が現れるのが温暖化です。

温暖化で日本列島などが大寒波に見舞われる背景には、北極海の海氷の減少があるという有力な見方があります。北極海の海氷が減少すると、太陽の熱を吸収しやすい海面が露出すると同時に、海から大気への熱伝達を妨げる海氷が減るため、大気への熱放出が増えるという2つの理由で北極周辺の大気が暖まり、シベリアなどで高気圧が発生します。

そうすると通常は中緯度上空を東側に向かって吹く偏西風帯の中で北極の冷たい空気を遮断しているジェット気流がスカンジナビア半島の北東部分などで北側に押し上げられ、その反動でジェット気流はシベリアから中国大陸に向かって南側に大きく蛇行します。蛇行によってシベリア高気圧が強まり、北極周辺の強い寒気が中国大陸から日本列島などに入りやすくなるのです。ほかの場所でもジェット気流の蛇行は起きます。

北極上空を西から東に周回する風である「極渦」が弱くなってジェット気流が蛇行し、北極上空の寒気が南方に流れ出す、という説明もできます。いずれにしろ北極海で進む急激な温暖化が北半球に時折、厳しい寒さをもたらします。ただ気候システムは多くの要素が複雑に絡み合って成り立ち、北極海の海氷の減少だけで日本などの冬の猛烈な寒波の説明をできるわけではありません。

１９８０年代後半から雪が少なくなったといわれた日本海側で、最近は再び大雪による被害が増えています。温暖化で気温が高くなり、空気中の水蒸気が増えているからです。温暖化は日本などに予想外の大寒波をもたらすだけでなく、世界的に今後、熱波や豪雨、干ばつなどによるさまざまな災害を引き起こすと言われます。人為的な温暖化の真の怖さをしっかり認識しておくことが必要です。

Q28

地球温暖化で北極や南極の氷が解けると言われていますが、それによってどのような影響が出ますか？

A

北極の氷は確かに解けて減少しつつありますが、南極の場合はちょっと複雑です。気候変動が世界のどんな場所よりも急激に進むのが北極圏で、北極の平均気温が20世紀の間に3℃上昇しました。過去数十年では北極の平均気温は世界の他の場所の2倍のペースで上昇しています。氷河も広い範囲で解け始め、凍結しているのが常だった永久凍土層の融解も進んでいます。

なぜ北極圏の気温がそんなに上がるのかといえば、海氷がカギを握ります。通常は太陽光をよく反射する北極圏の氷や雪が解けると、次に海面や地面が姿を現しますが、黒っぽい色のため太陽エネルギーをかなり吸収し、気温が上がります。氷がなくなると気温上昇の効果が増幅すると考えると分かりやすいでしょう。その結果、地球上で最も寒い場所の一つで気温が最も上昇するわけです。

北極の気温上昇には、北極の大気に水蒸気が少ないことも関係します。水の温度が高いとたくさんの砂糖が溶けるのと同じように、大気は温度が高ければ高いほど多くの水蒸気を含むことができますが、北極の大気はごく低温なためあまり水蒸気を保持できません。このためCO_2の温室効果でもたらされるエネルギーが水分の蒸発には使われず、主に空気を暖めることに消費されます。これによって北極（南極もそうです）では他の場所よりも温暖化によって昇温しやすくなるのです。
気温が上がるから北極海の海氷は解けつつあります。人工衛星による観測データでも１９７８年以降、北極圏の氷は明らかに減少傾向を示しています。北極海では海氷面積が２月末に最大、９月半ばに最小となりますが、１９８１～２０１０年までの30年平均では最大が１５７０万平方キロメートル、最小が６５０万平方キロメートルでした。それが２０１２年には最小が３３５万平方キロメートルに減少するなど、夏から秋にかけて海氷面積が急減しています。２０１７年の最小は４６４万平方キロメートルでした。ＩＰＣＣの第５次評価報告書でも「１９７９～２０１２年に北極海の海氷面積は10年あたり３・５～４・１％減った可能性が非常に高い」としています。

　では、北極海の氷がなくなるのはいつ頃でしょうか。複数の気候モデルによるシミュレーションでは、追加の排出対策を行わない場合、北極の気温は今後１００年で４～７℃上昇し、北極海では２０４０年以降季節によって氷が全くないか、それに近い状態になるという結果が出ました。この予測に気候科学者からは「控えめな計算結果であり、北極海から氷がなくなるのはもっと早まる可能性が高い」という声が上がっています。北極海から夏に氷が全く姿を消すのは、少なくとも過去５０００年では初めてのことです。

　北極圏のグリーンランドでも氷河の後退や、厚さが平均２キロメートルに達する巨大な氷の塊である氷床の融解が進んでいます。２０１２年７月にはグリーンランドの氷床表面の全面融解が観測されました。海面上昇で注目の的がこのグリーンランドと南極の氷床の行方です。これまで確かな観測結果がなかったのですが、ＩＰＣＣ第５次評価報告書は両方の氷床が解けて縮小していると結論づけました。

　ところが、米航空宇宙局（ＮＡＳＡ）の研究チームは２０１５年11月、１９９２～２００８年までの間、南極の氷は増えたことが人工衛星による観測で分かった、と明らかにしました。観測データによると、１９９２年から２００１年にかけて氷は年平均１１２０億トン増加し、２００３～08年にかけては、それより数値は小さいものの年平均８２９億トン増となりました。その一方、南極西部の南極半島などでは他の研究結果同様に、氷は減り続けていますが、西部の内陸部や東部ではそれ以外の減少分を上回る勢いで増えたというのです。

　気候変動や海面上昇に直結する南極の氷床の実態は気になりますが、ＮＡＳＡのチームは「南極西部の南極半島などでの氷床の減少傾向が現状のまま続くと、全体としても氷床は20～30年後には減少に転じるのではないか」と解説しています。南極では気温の上昇傾向が強い南極半島の巨大な「ラーセンＢ棚氷」と呼ばれる棚氷が崩壊するなど、海上に張り出した棚氷や氷床の異常が目立っていました。

　それでは氷の減少はどんな影響を与えるのでしょうか。米アラスカ州西端の北極海に浮かぶシシュマレフ島では、先住民族が氷の減少でアザラシなどの獲物を捕まえるのが難しくなっています。氷が解けることは北極海で暮らす野生生物にとっては災いとなり、北極グマ、セイウチ、アザラシなどが追いつめられています。

　北極では部分的に氷が解けると露出した海面が太陽光を吸収して水温を上げ、温暖化が進んで、さらに氷が解けやすくなることは前述しました。気温が上がると海水温も上昇し、海に溶け込んでいたCO_2が大気中に出てきて一層気温を上げます。どちらもいわゆる正のフィードバック効果と呼ばれるもので、私たちにとっては脅威となります。

　もしグリーンランドや南極の氷床が大量に解け出せば、とんでもないことになります。グリーンランド氷床が全部解ければ海面は約７メートル上昇し、南極の場合は何と60メートルのアップにつながります。「そうしたことは後１０００年はない」という見方もありますが、過去に氷床の大規模融解と海面上昇が急激に進んだことが知られており、油断はできません。

地球の異常をいち早くキャッチするのに役立つ北極、南極の観測・研究が一層重要になっています。北極海の氷の減少で大西洋から北極海を通って太平洋に渡る北西航路の利用が注目を集めていますが、そんなことに浮かれている場合ではありません。

Q29

海水温や海水面が上昇したり、南の島（ツバル・キリバスなど）が沈んだりすることと、地球温暖化は関係していますか？

A

もちろん、大いに関係しています。

海水温は地球温暖化の影響を直接受け、次第に高まっています。海洋表層（０〜７００㍍）で水温が上昇したことはほぼ確実であり、３０００㍍から海底までの層でも温暖化した可能性が高い、とＩＰＣＣの第５次評価報告書は指摘しています。

慎重な見方ですが、海洋は過去40年間に温暖化によって気候システムに蓄積されたエネルギーの90％以上を占め、そのうち60％以上は海洋表層に、30％以上は海洋の７００㍍以深に蓄積されたとしています。３０００㍍より深いところでも水温上昇の可能性が高いというのは新しい見解です。世界全体で平均した海水温の上昇率は１００年あたり０・51℃に対し、日本近海では２倍以上の１・08℃というデータも示されました。

また最悪の場合、21世紀末には地域によって海面から深さ１００㍍までの水温が２℃以上上昇する可能性があります。海水温上昇は海の生態系に取り返しのつかない影響を与えるほか、大規模な異常気象を招き、台風の大型化につながる可能性があります。海洋が暖まれば、接している大気を暖めるなど、地球温暖化を加速する方向に働くことも忘れてはなりません。海水温上昇は温暖化と表裏一体の関係にあるのです。

海水温上昇は海面水位の上昇にも直結しており、私たちの生活に最も大きな影響を与え、最も目に見えるものです。ＩＰＣＣの報告書は２１００年までに26～82センチメートル海面が上昇すると予測していますが、「そんなものでは済まない」「何かきっかけがあれば海面は急上昇する」という見方が専門家の間には根強くあります。近い将来、ニューヨークやロンドン、東京といった大都市が海面下に沈んでしまうことも起こりかねません。

20世紀以降、地球の海面は19センチメートル上昇しましたが、なぜ地球が温かくなると海面が上昇するのでしょうか。よく知られているように、海に浮かんだ氷は解けても海面は上昇しないため、北極海の氷が解けても水面上昇は起こりません。しかし、グリーンランドや南極の巨大な氷床や各地の山岳などの氷河が解ければ海面は上昇します。いまはこうした氷の融解による影響よりも、海水温の上昇に伴う海水の体積膨張が海面上昇により多く寄与しています。

太平洋のツバル、キリバス、バヌアツ、フィジー、マーシャル諸島、インド洋のモルディブなどの島国は以前から「海面が上昇すれば国がなくなってしまう」と強い危機感を持っていましたが、その懸念はますます現実のものになりつつあります。これに対処するために、43の国と地域が参加して小島しょ国連合（ＡＯＳＩＳ）が結成されています。

ツバルでは、日本のＮＰＯ法人の提案によって、環礁の浅瀬を埋め立てて海抜５～10メートルの人工島を造る計画が進められています。近くの首都フナフチと同規模の約５０００人が居住することを想定し、現在、世界に向けて資金提供を呼び掛けています。ツバルと北西に位置するキリバスは、共にニュージーランドと移民受け入れ協定を結び、住民がそれぞれ「毎年75人」という枠内で同国に移住しています。
人口約11万人の大半が海抜2メートル以下の土地で暮らすキリバスでは、海面上昇で海岸の一部が浸蝕され、飲み水や農業用水に使う地下水に塩水や下水が流入する問題が発生しています。国として存続できるかわからず、キリバス政府は「尊厳を持った移住」を目指して国民の技能訓練に力を入れているわけです。そのキリバス出身の男性が移住先ニュージーランドで、「母国に帰国すれば海面上昇で生命の危機に直面する」と難民資格を申請したことが報じられ、注目を集めました。

海岸侵食により廃村となったキリバスのテブギナコ村
（提供：ケンタロ・オノ）

インドから南西約600キロメートルに位置する世界的なリゾート地のモルディブでは、今後の海面上昇に備えて人工島「フルマーレ」の拡張工事が行われています。首都マレの北東、フェリーで約15分のところに造られた人工島には、現在、マレから移住した約4万人が暮らしています。この島の広さを2倍にし、2050年ごろまでに最大でマレの現人口の2倍近い24万人が住めるようにする計画です。マレの海抜が1メートルに対し、人工島は2メートルと高くしたため当面は海面上昇にも十分耐えられるというわけです。

それでも住民移住用に人工島を造れるのはごく一部の裕福な国に過ぎず、住民の他国への移住もそう簡単ではありません。小さな島国の苦悩は深まるばかりです。海面上昇に直面している国はこうした島国だけではありません。途上国で海面上昇に特に脆弱な都市は、モザンビーク、マダカスカル、メキシコ、ベネズエラ、インド、バングラデシュ、インドネシアなどの都市であることを世界銀行の報告書は指摘しています。

日本では海面の1㍍上昇によって海岸浸食が進み、全国の砂浜の9割が消失し、海面上昇に備えて海岸や港を補修するには最低でも20兆円かかるとも言われています。地盤の高さが満潮水位以下となる海抜ゼロメートル地帯の面積も東京、大阪、名古屋などで大幅に増えます。

前述したようにＩＰＣＣの予測では２１００年までの海面上昇は最大82㌢㍍ですが、仮にグリーンランドや南極の氷床が大量に解け出せば、とんでもないことになります。

海面上昇に関しては、驚くような予測が２０１５年11月に示されました。米国の非営利研究団体「クライメート・セントラル」が発表したもので、産業革命前と比較して気温が4℃上昇した場合、海面上昇は8・9㍍に達し、世界で6億２７００万人の住む地域が沈んでしまうといいます。中国では1億４５００万人、オランダは人口の67％が影響を受け、日本では人口の4分の1の人が住む地域が海面下になり、東京では７５０万人、大阪では６２０万人が該当するというものです。

海抜1㍍以下に住む人は世界に約1億５０００万人いると言われます。温室効果ガスの排出がたとえ止まっても、その後、長期間にわたって海面上昇が続くことが分かっています。温暖化が高じると、日本の縄文時代に温暖化によって海が広く陸地まで進出した「縄文海進」のようなことが再び起こりかねません。海面上昇は決して小さな島国だけの問題ではありません。

Q30 海が酸性化して海の生態系に影響を及ぼしていると言われますが、本当ですか？

A 本当です。このままでは海の生態系に取り返しのつかない変化が現れそうです。

大気中のCO_2が海に溶け込んで起こる海洋酸性化が海の生物に影響を与えつつあることは間違いなく、CO_2が海でも「悪さ」をしていることをしっかり認識する必要があります。これまで海面上昇の陰に隠れて海洋酸性化はあまり注目されませんでしたが、実際には私たちの生活に深刻な影響を与えようとしています。

地球表面の約7割を占める海は、人間が化石燃料の燃焼によって排出したCO_2の約3割を吸収していると言われます。大気中のCO_2濃度が高まると、海水中に溶け込むCO_2の量も増え、海洋の酸性度が徐々に高まっていきます。CO_2は水に溶けると酸としての性質を持ち、海洋の酸性度が高まると、貝類やエビ、カニをはじめとした甲殻類のほか、ヒトデ、ウニ、サンゴ、プランクトンなど海に生息する生物にとって脅威となります。

プラスまたはマイナスの電気を持つ原子などを指すイオンという言葉を聞いたことがあると思います。海には海水中のカルシウムイオンと炭酸イオンを利用し、水に溶けにくい固体である炭酸カルシウムの殻や骨格を作って生活している多様な生物がいます。現在はカルシウムイオンや炭酸イオンの海水中濃度が十分高いことが海洋生物に恩恵をもたらしています。
ところが海洋酸性化によって水素イオンが増えると、炭酸イオンが中和されて濃度が下がり、炭酸カルシウムの結晶の生成が困難になります。今後もっと炭酸イオン濃度が下がると、結晶形成は不可能になり、将来的に貝類や甲殻類、サンゴなどの生存に致命的な影響を与えることが容易に想像できます。こうした生物は進化の過程で炭酸カルシウムの殻を作れないような環境を経験したことがなく、酸性化が進むと、作った殻や骨格が解けてしまう可能性もあります。また酸性化が生物の代謝や酵素活性を乱すことも指摘されています。

近年、海洋酸性化の研究が世界的に進み、将来的に大きな問題になることが一段とはっきりしてきました。このままでは海はさらに酸性化し、今世紀半ばには水の酸性度を示すｐＨ（水素イオン指数）が８・０に、今世紀末までには７・８に低下するというのがＩＰＣＣの予測です。２１００年には産業革命前と比べて１５０％も酸性側に傾くことになります。専門家の間には「ｐＨ７・８あたりで海の生態系は崩壊を始める」という厳しい見方があります。

このまま無策が続けば、世界の海洋酸性化は地球の歴史でかつてない異常な状態になりそうです。絶滅する生物が出てくることはもとより、酸性化によって海洋のCO_2吸収能力が低下し、結果的に大気中に残るCO_2が増えて温暖化の加速につながるという別の脅威も現実のものになってきます。

国連生物多様性事務局は、海洋酸性化に伴う経済損失は徐々に増え、２１００年までに年１兆ドル（約１１０兆円）を超える恐れがあるとする報告書をまとめました。水産資源の提供や観光で世界の約４億人の生活を支えるサンゴ礁が大きな打撃を受けることを中心に試算したもので、報告書では「（サンゴ礁以外の）海岸などでの被害を加えれば損失額はさらに大きくなる」としています。これまで見てきたように海洋酸性化がサンゴ以外にも広く海洋生物に影響を与えることを考えれば損失はとんでもない額に達することでしょう。

多くの生命を育み、気温の平均化や気候の安定化にも深くかかわる広大な海。その海で起こっていることに関しては、未知の部分もたくさん残っています。例えば、海洋と大気は絶えず大量のCO_2の交換を行っていますが、海洋酸性化の実情はまだよくわかっていません。海水中のCO_2濃度がどのレベルに達したら、サンゴなどの海洋生物に重大な影響を与えるかといったことも十分には解明されていません。まだまだ研究は続けなければなりませんが、重大な被害を与える可能性がある以上考えられる対策は速やかに取る必要があります。

Column
コラム

【海水の酸性度が26％高まる】

水の酸性度を示すｐＨ（水素イオン指数）で見ると、現在の海水は約８・１です。ｐＨ７が中性で、それより大きい値がアルカリ性、小さくなると酸性となります。つまり現在の海水は弱いアルカリ性を示しています。アルカリ性であっても、徐々に酸性側に向かっているため「海洋酸性化」という言葉が使われているわけで、海水が酸性になってしまった、ということではありません。

ＩＰＣＣによると、18世紀半ばに起こった産業革命の前から現在までに世界的に表層海水のｐＨは０・１低下しました。数字上は８・２から８・１へのわずかな変化ですが、酸性度は26％高まったことを意味します。日本の気象庁は気候変動の解明や今後の予測のため観測船の航行ルートを決めて海洋観測を続けていますが、東海地方沖の太平洋にあたる東経１３７度、北緯30度の地点の冬季でここ10年間にｐＨは約０・02低下したとしています。

産業革命前には大気中のCO_2濃度は２８０ｐｐｍ（ｐｐｍは１００万分の１の単位）程度でしたが、それが現在は４００ｐｐｍを軽く超えました。この大気中CO_2の濃度上昇に伴って、表層海水に溶け込むCO_2の量が増えて海洋が酸性化していると考えるとわかりやすいでしょう。深い海のCO_2濃度も徐々に高まっていきますが、当面問題になるのは、海洋表層の酸性化です。

Q31 きれいなサンゴ礁もなくなっていると言われますが、それも地球温暖化の影響ですか？

A サンゴ礁の破壊には海水温の上昇、海洋酸性化、淡水や土砂の流入などさまざまな要因が重なっていますが、地球温暖化が影響していることは間違いありません。

サンゴ礁は熱帯や亜熱帯の海岸を取り囲むように存在し、漁場やレクリエーションの場として利用されています。天然の防波堤となって波をさえぎり、海岸を浸食から守る役割も果たしています。多くの動植物がすみかとしているサンゴ礁は、陸地の熱帯雨林と同じように「生物の宝庫」と言えます。緯度が高くなって水温が下がると、サンゴはサンゴ礁を形成できなくなりますが、日本ではサンゴは日本海側で新潟県佐渡島、太平洋側では千葉県まで分布しています。

サンゴ自体は動物ですが、サンゴの体内には、大きさが0・01ミリメートルほどの微小な褐虫藻という藻類が共生しています。褐虫藻は、光合成で作り出した栄養をサンゴに与え、サンゴは褐虫藻の養分となる老廃物を提供しているわけです。通常はこの共生関係がうまくいっていますが、高水温などのストレスが加わるとサンゴが褐虫藻を放出し、サンゴの白い炭酸カルシウムの骨格が透けて見えるようになります。

これがいま世界中のサンゴ礁で問題になっているサンゴの白化です。周りの環境が回復すれば、サンゴは褐虫藻を再び獲得して元の健全な状態に戻りますが、環境が悪化したままで白化が長期化すると、栄養失調のためサンゴは死んでしまいます。サンゴはプランクトンなどもエサにしますが、必要な栄養のほとんどを褐虫藻から得ているのです。

サンゴの白化を引き起こすストレスの最大のものは海水温の上昇です。サンゴが好む海水温は25〜28℃とされ、30℃を上回る状態が長く続くと白化が起こります。このほか海洋酸性化、海面上昇、淡水や土砂の流入、強い光などもストレスとなり、海洋酸性化はサンゴの骨格を作りにくくするのでサンゴにとってはダブルパンチとなります。さまざまな要因が複合的に絡んでサンゴの白化を招いています。

Column
コラム

【どうなる？世界のサンゴ礁】

いま世界的に「サンゴの危機」として注目を集めているのが、世界最大のサンゴ礁でオーストラリアの北東沖に２３００キロメートルにわたって伸びるグレートバリアリーフです。地元オーストラリアの研究機関「ＡＲＣサンゴ礁研究所」は２０１８年4月、グレートバリアリーフで海水温の極端な上昇によってサンゴが大量に死滅したとの研究結果を発表しました。報告によると、エルニーニョ現象の影響も重なり海水温が異常に上昇した２０１６年３～11月の９カ月間に約３割のサンゴが死滅しました。特に海水温が高かった北部の３分の１は被害が深刻で、死滅したサンゴの比率は5割を超えたそうです。

インド洋のモルディブ、セーシェル、太平洋のパラオ、カリブ海などでも白化などによって壊滅状態になったサンゴ礁が続出しています。１９９０年代以降、世界のサンゴ礁の３分１が破壊されたという見方も出ています。特に１９９８年にはエルニーニョ現象による高水温で世界各地のサンゴ礁が大きな被害を受け、温暖化が地球上に具体的な被害をもたらした最初の例ではないかと言われました。

日本最大のサンゴ礁、沖縄県の石垣島と西表島の間にある石西礁湖もずっと白化現象の被害を受けてきました。２０１６年末の環境省の調査で白化したサンゴの割合（白化率）は91・４％だったのが、２０１７年末には49・９％と改善が見られたものの、依然高い白化率が続いています。白化が続いてサンゴが死滅した割合は２０１６年末が70・１％に対し、

白化したサンゴ（沖縄県で）
（Kyoko KAWASAKI 全国地球温暖化防止活動推進センターウェブサイトより）

２０１７年末は０・１％でした。２０１７年の夏は、白化の目安とされる30℃を下回った時期があったことがこうした結果に結び付いたようです。

また、人工衛星で２０１７年に撮影した画像や現地調査をもとに石西礁湖周辺のサンゴの状態を評価した環境省は２０１８年5月、生きたサンゴが50％以上を占める良好な状態の場所は分布域全体の１・４％と発表しました。同様の調査を実施した１９９１年は14・６％、２００８年は０・８％でしたから、白化現象の被害からの回復は進んでいない状態です。同省は「監視を続け、保全策を検討する」と述べています。

日本沿岸の熱帯・亜熱帯サンゴ礁についてＩＰＣＣは厳しい見通しを示しています。２０２０〜30年代にサンゴが半減し、２０３０〜40年代には消失するという予測です。世界的にも今後、サンゴの白化現象はより頻繁に起こり、より大きくなると予想されています。「主な生態系の中でサンゴ礁が最初に絶滅するだろう」という科学者の見方が現実化しつつあると言えそうです。

サンゴ礁生態系全体の地域的な絶滅が起これば、サンゴ礁をすみかとしている動植物はもとより、サンゴ礁に食料や収入、観光業、海岸線の保護を依存している人々に重大な影響を与えることになります。海水温が上昇しても、何とかサンゴの白化を止めることはできないのでしょうか。専門家は、白化が海水温上昇など環境変動に対するサンゴの適応的な応答だとしたら、白化後に温度耐性に強い褐虫藻を獲得することでサンゴは海水温の上昇に適応できる可能性があると指摘しています。

こうした点に関連して、サンゴの白化の際には「サンゴから褐虫藻が逃げ出す」という従来の考え方を覆す結果が国内でのサンゴの飼育実験で出ました。水温を上げてもサンゴの体外に出る褐虫藻はほとんどなく、高水温で褐虫藻がうまく光合成できないため栄養をもらえなくなったサンゴが、体内の褐虫藻を消化してしまうことがわかったというのです。

こうした地道な研究を続けると共に、サンゴ白化の地域的要因を明らかにできれば、サンゴを守る方法が見つかるかも知れません。サンゴの適応能力に期待するだけでなく、根本的にはCO^2の排出削減を行ってサンゴの最大のストレス要因を排除することが欠かせません。

Q32

日本でも異常気象による災害が増えたり、四季の変化があいまいになったり、農作物の品質が低下したり、桜の開花時期がわからなくなっていますが、これらも地球温暖化の影響ですか?

A

地球温暖化に伴う気候変動が、これらの異常を引き起こす背景になっていると考えられます。

桜が早く咲いた、お米や果実の品質が劣化した、などはかなり前から指摘されていました。例えば、毎日新聞社が2015年に全国都道府県を対象に実施した調査によると、全国都道府県の8割以上で、過去10年以内にコメや果実に地球温暖化の影響とみられる品質低下の被害（米粒の白濁、リンゴやブドウなどの着色不良）が確認されたそうです（2015年12月30日付毎日新聞）。また、数十年に一度ぐらいの豪雨が毎年のように観測されています。これら、数ある現象の一つひとつの現象と地球温暖化を科学的に結びつけて厳密に証明するのは現時点では困難です。なぜなら、ある特定の地域で発生した異常気象現象そのものは、その地勢・地形、風の通り道など個別の自然環境条件や時間の要素などに左右されることが普通だからです（例えば、同じ温暖化の影響下にあっても、ある地区では異常豪雨が発生しても、隣接する地ではそうでもないことがあります）。

開花時期が早まっている桜（東京・上野で）

しかし、ＩＰＣＣなど世界の科学者・専門家による調査・研究の結果、異常気象の背景には海水温の上昇を伴う地球の温暖化が存在する可能性は高いと言えます。

例えば、２０１８年7月に発生した西日本豪雨について、それが地球の温暖化によるものかどうかが議論になっていますが、東京大学大気海洋研究所の木本昌秀教授はインタビュー記事の中で、「温暖化は顕著に進行しており、日本では平均気温が１００年当たり１・19℃のペースで上昇している。今後数十年はこれまで以上の気温上昇が予測される。気温が上がれば、大気中の水蒸気は増える。今回の気圧配置は温暖化が進んでいなくても起こるものだが、水蒸気が増加すれば雨粒になって落ちてくる量も当然増える、今回の豪雨も一部は温暖化により「かさ上げ」されたと考えている。」と述べています（毎日新聞7月18日付）。

一方、国連のＷＭＯは、２０１８年7月10日付のニュースで、世界中で7月には西日本豪雨を筆頭に異常豪雨や熱波などが発生していることを紹介した後で、「これらの個々の現象を気候変動（温暖化）によると結論づけるのは不可能だが、温室効果ガスの濃度が上昇しているという長期的な傾向とは矛盾していない」と、慎重ながら温暖化との関係について肯定的なコメントを付しています。

四季の変化などを調べる代表的なものとして、気象庁の生物季節観測があります。全国の気象官署が統一した基準によって桜や梅の開花した日、楓（カエデ）の紅葉した日、ウグイスやアブラゼミの鳴き声を初めて聞いた日などを観測しています。中でもよく知られているのが、桜の開花日です。その新しい平年値（２０１０年までの30年間の平均）は、従来の平年値（２０００年までの30年間の平均）より全国的に１～３日早くなっています。

例えば東京では、桜の開花日の新平年値は３月26日ですが、２０１８年は３月17日と９日も早くなっていました。このように全国的に桜の開花日が早まっているのは都市化や地球温暖化の進行と関係していると考えられています。楓の紅葉は過去50年間の観測では10年単位で全国的に３・２日遅くなっているという結果が出ています。最近、動植物が気温の上昇に伴って北へまた高所へと移動していることも知られています。

まだ断定はできませんが、豪雨などによる災害が増えたり、桜の開花日が早まるなど動植物にさまざまな変化が現れているのは、温暖化がかかわっていると考えるのが妥当のようです。温暖化が異常気象を頻発させるばかりか、日本の四季の変化にまで影響を及ぼしていると考えると、やり切れない思いがします。

Q33

地球温暖化が進むとデング熱やマラリアなどの熱帯地域の病気が日本でも拡大すると言われていますが、本当ですか？

A

温暖化によって多くの感染症が拡大する可能性が高まっており、既にデング熱は国内感染が確認されていますが、マラリアが日本ですぐ流行することはなさそうです。

感染症とは病原体としてウイルス、細菌、原虫、寄生虫、カビなどが体内に入ることによって起こる病気の総称で、一般的には次のような条件によって感染症にかかりやすくなります。

①野外活動が多いなど病原体に接触する機会が多い。

②病原体を媒介する生物が多い。

③病原体が入りやすい居住空間や生活様式。

④栄養、衛生状態が悪い。

世界保健機関（ＷＨＯ）は地球温暖化による感染症問題を取り上げ、次のように警告しています。「気温や湿度が上昇し、媒介動物の生息範囲が熱帯から温帯に広がり、また水や食物が腐敗し汚染することが多くなるので、特にマラリア、デング熱、脳炎、ペスト、コレラの５つの感染症の拡大が憂慮される。」

こうした感染症の中で、日本への影響が出てくるのでは、と特に注目されているのが、デング熱とマラリアで、ともに熱帯や亜熱帯地域でみられ、蚊が媒介します。WHOの警告のように温暖化によって媒介する蚊が日本にまで生息域を拡大し、定着すれば、これらの感染症にかかる患者（発症者）が増える可能性が出てきます。

デング熱は高熱が出て重症化すると出血症状が現れる感染症で、世界で毎年1億人以上が発症しています。熱や頭痛、節々の痛み、筋肉痛などがみられることが多く、熱は5～7日ぐらい続きます。デングウイルスを持ったヒトスジシマカやネッタイシマカによって感染が広がりますが、本来は熱帯や亜熱帯地域に生息しているこれらの蚊が、温暖化によってオランダなどヨーロッパの温帯地帯、アンデスの高地にまで生息域を広げていると言われます。

日本でも２０１４年の夏から秋にかけて国内でデング熱に感染したことが確認された患者が報告され、同年10月末までに東京都などで１６０人の患者が出ました。東京の代々木公園などで大々的な消毒作業が行われたことを覚えている人も多いと思います。デング熱の国内感染が確認されたのは実に69年ぶりのことでした。海外でデング熱に感染し発病した患者（輸入デング熱患者）は毎年多く出ますが、媒介蚊がこうした輸入患者の血を吸って別の人にうつしたとみられています。２０１６年には海外からの帰国者がデング出血熱を発症し、死亡するケースがありました。

デング熱を媒介するヒトスジシマカやネッタイシマカは、いわば「都市型」で、身の回りにあるバケツの水、古タイヤの水、草花用の水などによく卵を産みつけます。都市化の進んだ地域でも私たちを刺す可能性は高く、２０１４年の東京を中心としたデング熱の流行はまさにそれを実証したものでした。日本にもデング熱を媒介するヒトスジシマカなどが既に生息しているわけですが、ヒトスジシマカの場合は平均気温が11℃以上の地域に定着することから、さらに温暖化が進めば分布域が北海道

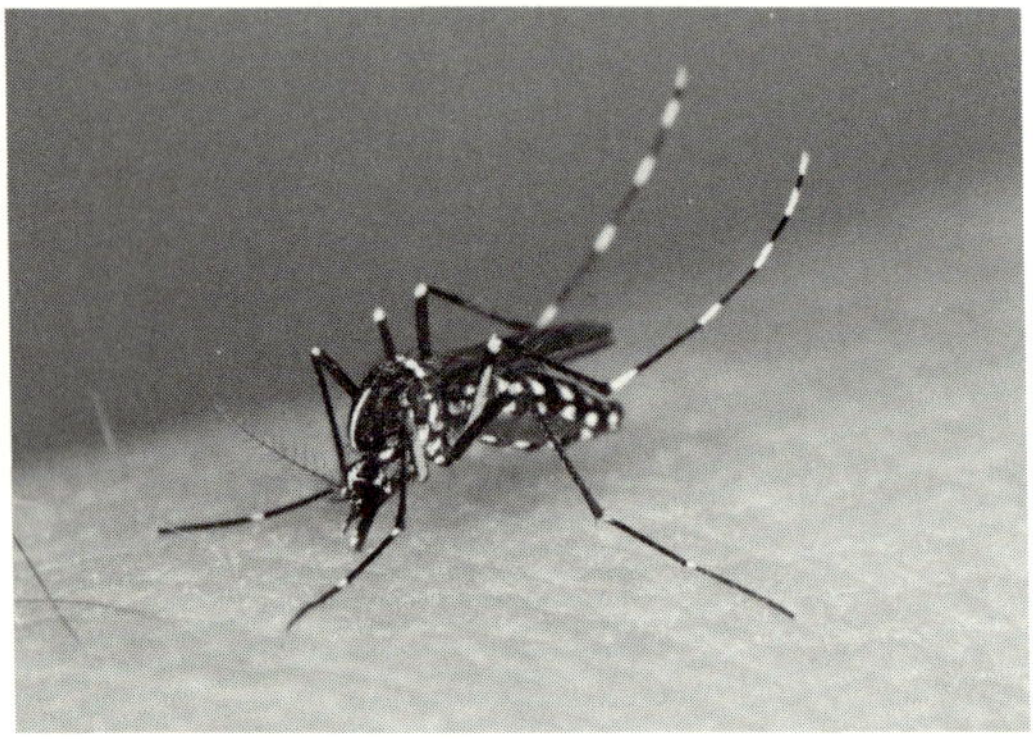

ヒトスジシマカ
（提供：国立感染症研究所昆虫科学部）

を含む国土の大部分に拡大し、感染リスクが高まると言われ、十分な注意が必要です。

マラリアについては、世界で毎年約3億人が発症している感染症で、発熱、頭痛、下痢などから種々の合併症を起こす恐れがあり、重症化すると意識障害がみられることがあります。ハマダラカがマラリア原虫を媒介することによって感染が広がりますが、冬の気温が高い地域（平均気温16℃以上）が増えるとマラリア原虫は生き延び、温帯地域でも春以降の流行が危惧されるようになりました。

日本でも心配ですが、マラリアはデング熱とはちょっと事情が違うようです。マラリアを媒介するハマダラカは日本に2種類おり、比較的症状の軽い三日熱マラリアを媒介するシナハマダラカは日本全国に分布し、重症の熱帯熱マラリアを媒介するコガタハマダラカは沖縄の宮古・八重山諸島に分布しています。

気になるコガタハマダラカは山村の自然環境に恵まれた小川や渓流に生息することが多く、飛翔距離もごく短いため、多くの市民が刺される可能性は非常に小さいと考えられます。輸入マラリア患者は毎年日本でも出ていますが、コガタハマダラカがこれら患者の血を吸って他人をマラリアに感染させる危険性はさらに低くなります。加えて、日本では公衆衛生状況が非常にいいこともあり、マラリアが流行する可能性はあまりないと考えられます。

それでも温暖化によってマラリア流行域が拡大し、海外との人的交流が増加していけば、輸入マラリア患者が増えて日本国内で2次感染が起きないとは言い切れません。実は日本でも1940年代までマラリアが流行していました。アフリカとの人の往来が多いヨーロッパ諸国では、外国に出かけたことのない空港周辺の人がマラリアに感染するケースが出ています。マラリアの流行国に渡航した際には、感染症情報に注意し、不用意に感染しないようにすることが、日本でのマラリア流行を防ぐことにつながります。

怖い感染症はデング熱やマラリアだけではありません。脳炎は、発熱して脳障害が出る恐れのある感染症で、猛暑が襲った1999年のニューヨークで大流行しました。ペストは高熱を発し皮膚が黒くなって死に至る感染症で、現在でもアフリカなどで多くの患者が出ています。コレラはコレラ菌で汚染された水や生の魚介類を食べることにより感染する急性胃腸炎で死亡率が高く、最近でも中東のイエメンで2017年に7万人が発症し、数百人が死んでいます。腸チフス・パラチフスもアジアやアフリカ、中南米で流行しています。

地球温暖化が進行すれば、いつこれらの感染症が日本でも牙をむくかわかりません。私たち一人ひとりが感染症から身を守るため、①媒介する蚊などに接触する機会を減らし、刺されないようにする、②媒介する動物や蚊などの生息する環境（水溜まりなど）を除去する、③飲料水や魚介類を食べる時、衛生状態に注意する、ことなどが求められます。エイズやエボラ出血熱のようにこれまで知られていない新たな感染症が今後姿を現し、世界の脅威となる可能性だってあります。

あとがき

２０１５年にパリ協定が採択され、世界はこれまでの化石燃料に依存した暮らしや社会経済活動から脱却し、脱炭素社会へと舵を切った。しかし、様々な国や企業がその方向に向け挑戦を開始する中、私たちはなかなか動きを進めない日本の政府や企業に対して、このままでは日本や日本企業は世界に大きく遅れをとることになるのではないか、といった強い危機感を抱くようになった。そして、気候変動の脅威を少しでも和らげ次世代に大きなツケを残さないためには、脱炭素社会への転換とそれに向けた早期の取り組みの重要性を理解してもらう必要があり、まずは脱炭素社会に対する疑問や不安に応える必要がある、との思いから、環境文明21脱炭素部会を立ち上げ議論を開始、約1年半に及ぶ作業を経てこの冊子をまとめていった。

その間にもトランプ米国大統領の無責任な愚行にも関わらず、世界では脱炭素化に向けた政策も技術も大きく前進し、脱炭素社会に向けた取り組みは着々と進んでいる。しかし国内外では頻発する気象災害により甚大な被害が発生しており、ＩＰＣＣが２０１８年10月に発表した「１・５℃特別報告書」を読むと、「もう間に合わないのではないか」という不安も一方でよぎる。

気候変動の脅威を乗り越えるために私たちに残された時間はあまりない。

この冊子が、人類社会にとっての大きな試練である気候変動を乗り越え、日本の社会が脱炭素社会へと進む道しるべの一つとなることを執筆者一同期待している。

最後にこの冊子の編集に加わって下さった環境新聞取締役編集部長の野田宜践氏に心から感謝したい。

参考：２０１８年10月に公表されたＩＰＣＣの「１・５℃特別報告書」のポイント

○工業化以前に比べて、人間活動によってこれまでに世界の平均気温は約１℃上昇している。

○既に自然や人間活動に影響が出現している（異常気象、海面上昇、北極の海氷減少など）。

○このままの率で温暖化が進めば、２０３０年から２０５２年の間に気温は１・５℃上昇すると予想される。

○１・５℃に抑えるためには、２０３０年までに２０１０年のレベルと比べてCO_2排出量を約45％削減する必要がある（２℃昇温の場合は、20％削減）。

○１・５℃に抑えるためには、CO_2排出量は２０５０年頃までにほぼ「正味ゼロ」にする必要がある（２℃昇温の場合は、２０７５年頃）。

○１・５℃に抑えるためには、①すべての部門での排出量の削減、②大気中からCO_2を除去することも含めた様々な技術の採用、③行動様式の変化、④低炭素オプションへの投資の増加、などこれまでにないスケールが必要とされる。

◎執筆者

藤村コノヱ	環境文明21代表、学術博士、中央環境審議会臨時委員
加藤　三郎	環境文明21顧問、元環境庁地球環境部長
横山　裕道	科学・環境ジャーナリスト、元淑徳大学教授

木村　峰男	元三井化学幹部
小林　　料	元東京電力顧問
庄司　　元	環境文明21会員
竹林　征雄	元荏原製作所理事、日本サステナブルコミュニティ協会顧問
中山　　茂	千葉県地球温暖化防止活動推進員、元若築建設
堀内　道夫	光と風の研究所所長、静岡大学客員教授
増井　利彦	国立環境研究所社会環境システム研究センター 統合環境経済研究室長

◎編著者略歴

藤村コノヱ

東京工業大学大学院博士課程修了（学術博士）。環境教育のパイオニアとしてコンサルタント会社を設立。環境文明21の設立に関わり2008年より共同代表、2018年7月より代表。特に「環境教育推進法」（2003年成立）の立法化並びに改正に向けては、推進協議会事務局長として先頭に立って活動した他、企業研修や大学等で次世代への教育を行う。また、日本の環境NPOの連合組織「グリーン連合」共同代表として、政党、官庁への政策提言活動や市民版環境白書『グリーン・ウォッチ』の編集責任者も務めている。

著書：『環境の思想』（共著、プレジデント社、2010）、『環境学習実践マニュアル～エコロールプレイで学ぼう』（国土社、1995）、『持続可能な社会ための環境学習～智恵の環を探して』（共編著、倍風館、2005）等

加藤　三郎

東京大学工学系大学院修士課程を修了。厚生省、環境庁にて公害・環境行政担当。1990年環境庁地球環境部の初代部長。地球温暖化防止行動計画の策定、地球サミットへの参画などを経て1993年退官。直ちに「21世紀の環境と文明を考える会」（1999年10月にNPO法人化し「環境文明21」と改称）設立。現在顧問。

著書：『環境の思想』（共著、プレジデント社、2010）『福を呼びこむ環境力』（ごま書房、2005年）、『かしこいリサイクルQ＆A』岩波ブックレットNO.531（編著、岩波書店、2001年）、『「循環社会」創造の条件』（日刊工業新聞社、1998年）、『地球市民の心と知恵』（中央法規出版、1997年）、『環境と文明の明日』（プレジデント社、1996年）等

横山　裕道

東京大学大学院理学系研究科修士課程修了。1969年毎日新聞社に入社し、科学環境部長や論説委員などを歴任。2003年淑徳大学国際コミュニケーション学部教授。同大客員教授を経て2017年から2018年3月まで同大人文学部教授。現在、科学・環境ジャーナリスト、環境省「国内における毒ガス弾等に関する総合調査検討会」検討員、埼玉県和光市環境審議会会長。中央環境審議会特別委員・臨時委員、埼玉県環境審議会会長などを務めた。

著書：『原発と地球温暖化　「原子力は不可欠」の幻想』（紫峰出版、2018）、『気候の暴走　地球温暖化が招く過酷な未来』（花伝社、2016）、『3・11学　地震と原発そして温暖化』（古今書院、2012）、『地球温暖化と気候変動』（七つ森書館、2007）等

環境新聞ブックレットシリーズ 15

脱炭素社会のためのQ＆A――気候変動を乗り越えて

2019 年 1 月 31 日　第 1 版第 1 刷発行

編 著 者　NPO 法人環境文明 21
　　　　　藤村コノヱ、加藤三郎、横山裕道

発 行 者　波田　幸夫

発 行 所　株式会社環境新聞社
　　　　　〒 160-0004　東京都新宿区四谷 3-1-3　第一富澤ビル
　　　　　TEL. 03-3359-5371（代）
　　　　　FAX. 03-3351-1939
　　　　　http://www.kankyo-news.co.jp

印刷・製本　株式会社平河工業社

デザイン　環境新聞社制作デザイン室